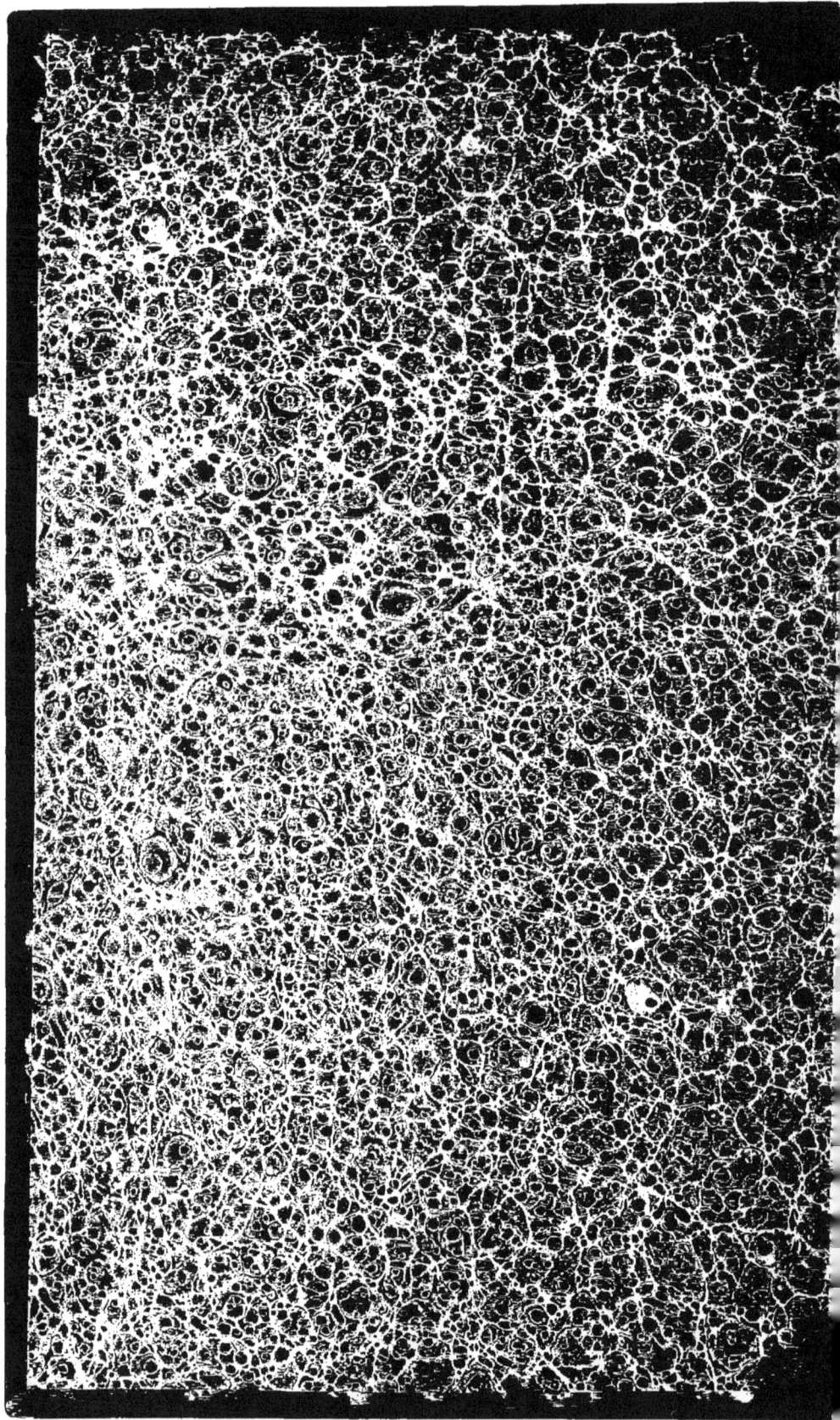

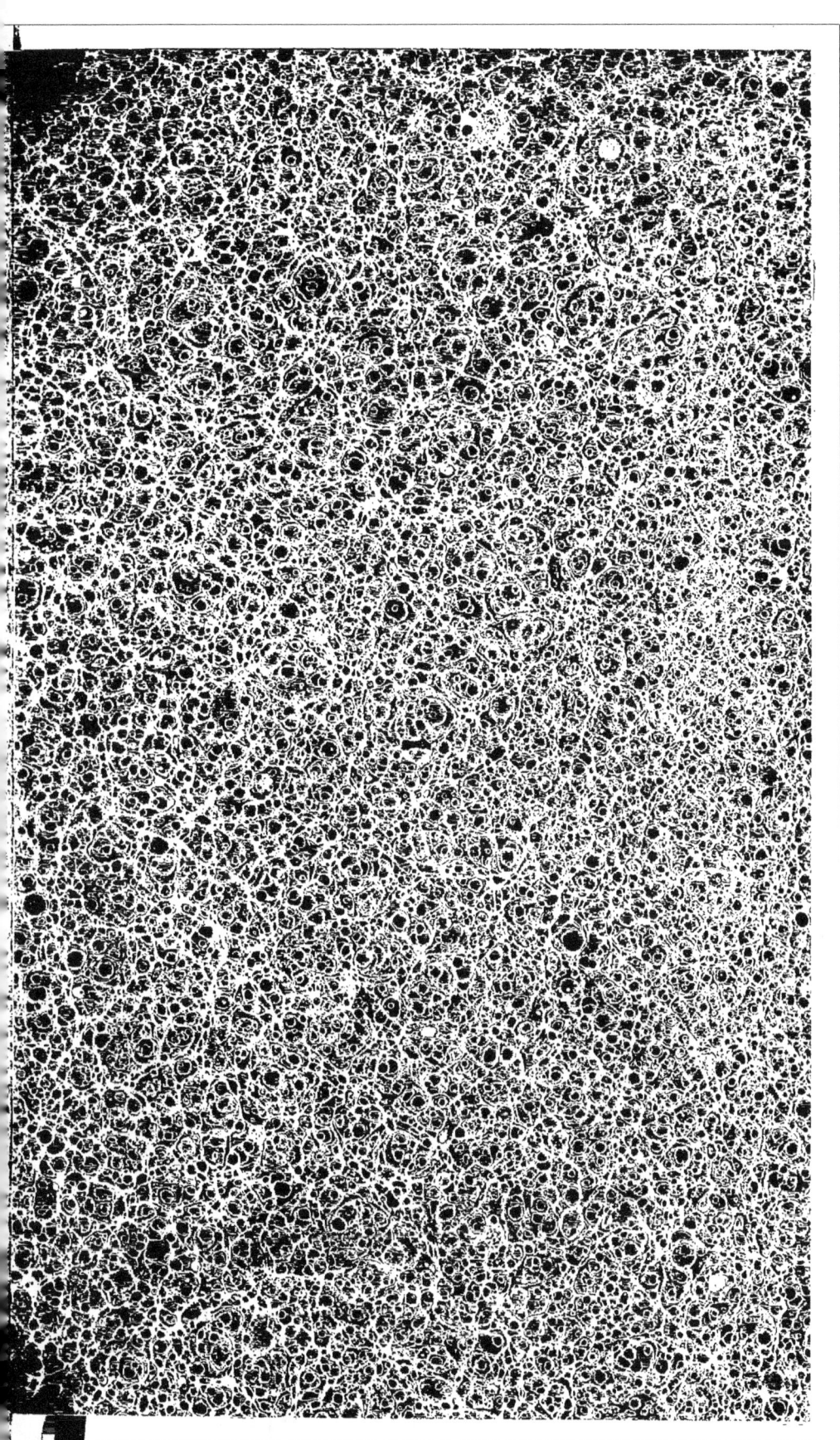

T6 63
.53.

T 2660.
Afyf.

Arthur No 12

TRAITÉ

DU

MAGNÉTISME ANIMAL.

*Les formalités exigées par la loi ayant été remplies,
je poursuivrai les contrefacteurs.*

Lafoutg-Gouzi

TRAITÉ

DU

MAGNÉTISME

ANIMAL,

CONSIDÉRÉ SOUS LE RAPPORT DE L'HYGIÈNE,
DE LA MÉDECINE LÉGALE ET DE LA THÉRAPEUTIQUE;

PAR

G.-G. LAFONT-GOUZI,

PROFESSEUR A L'ÉCOLE DE MÉDECINE DE TOULOUSE.

TOULOUSE,

Chez { SENAC, Libraire, place Rouaix;
L'Auteur, rue du Vieux-Raisin, 33.

IMPRIMERIE D'AUGUSTIN MANAVIT

1839.

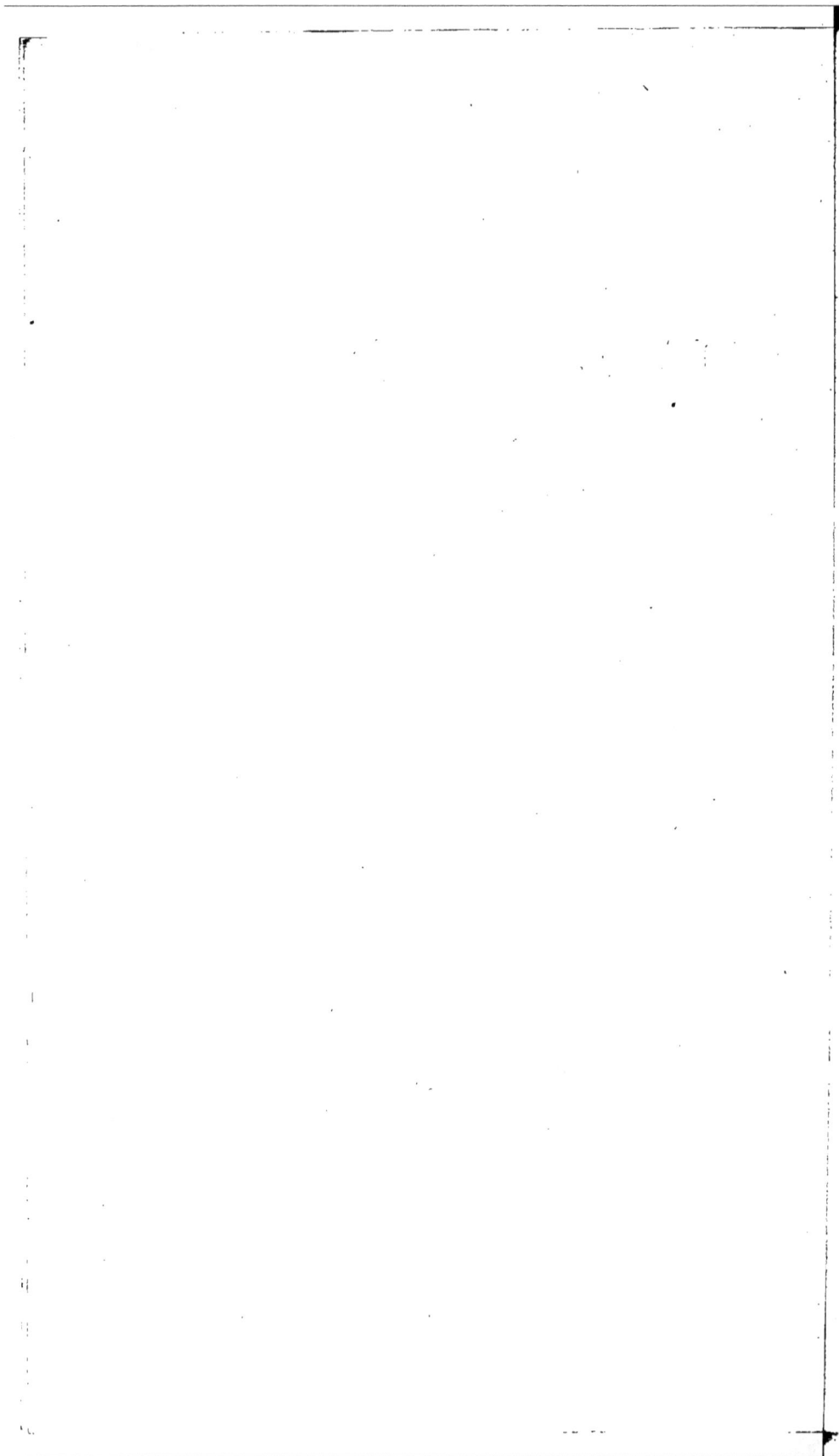

TABLE DES CHAPITRES.

TRAITÉ

DU

MAGNÉTISME ANIMAL.

CHAPITRE PREMIER.

Ce que c'est que le Magnétisme animal.

———

Les médecins les plus versés sur cette matière entendent par magnétisme animal un état particulier du cerveau et du système nerveux ; état insolite, anormal, présentant une série de phénomènes, la plupart extraordinaires, et dont certains paraissent prodigieux. On donne aussi le même nom aux procédés, aux actes par lesquels on veut produire l'état magnétique.

1

Les moyens et les procédés magnétiques sont, 1.° la croyance au magnétisme, la ferme volonté et le vif désir d'obtenir les effets du magnétisme ; 2.° les gestes, les attouchemens et les passes, qui consistent, de la part du magnétiseur, à promener les mains de haut en bas sur diverses parties du corps que l'on veut magnétiser ; enfin, à presser ces parties.

Dans un court espace de temps, la personne magnétisée tombe dans une situation monstrueuse, dans un mal appelé extase, somnambulisme, et que Darwin classe entre l'épilepsie et la folie. A son avis, c'est un mélange et une variété de ces deux affections.

L'état magnétique consiste dans la somnolence, le sommeil, et une sorte de coma-vigil spasmodique et convulsif; enfin, c'est un somnambulisme artificiel.

Dans cette situation de l'homme, l'exercice des sens est plus ou moins complétetement suspendu : on parle pendant le

sommeil, on reconnaît les objets extérieurs
par des moyens insolites et inconnus ; enfin les magnétisés deviennent capables de
phénomènes qui paraissent être une exception aux règles ordinaires de la nature :
ils ne sentent pas la douleur physique ,
ils voient et entendent sans le secours des
sens, ils devinent, prédisent l'avenir ; ils
deviennent capables d'indiquer les moyens
et les remèdes nécessaires à la guérison des
malades qu'on leur présente, et se montrent, par conséquent, plus extraordinairement habiles que l'Institut et la Faculté.
J'observerai, en passant, que le paganisme
aussi avait une grande confiance dans les
visions médicatrices des personnes endormies, et surtout si elles s'étaient endormies
dans le temple d'Esculape : on en attendait
des songes indicateurs des moyens thérapeutiques *. Telles sont les prétentions des
magnétiseurs.

---

* Voyez l'*Antiquité expliquée* de *Monfaucon*.

Le magnétiseur approprié exerce le plus grand empire sur ses magnétisés ; il les endort bon gré mal gré, paralyse leurs sens, leurs membres, dispose absolument de leur volonté, les empêche de parler et d'agir ; il délie et leur rend les facultés suspendues, et, pour tout dire en peu de mots, les magnétiseurs se donnent comme les successeurs des sibylles, des magiciens, des sorciers ; ils prétendent réaliser les sorts, les charmes dont le dix-huitième siècle s'est tant moqué.

Donnons idée des procédés magnétiques.

« Il faut que le magnétiseur n'ait rien de repoussant, qu'il soit bien portant, dans la force de l'âge, ou l'âge mûr ; qu'il soit grave, affectueux, et supérieur au magnétisé, si c'est possible.

» Les personnes vives, ardentes, enthousiastes, sont les meilleurs et les plus puissans magnétiseurs ; l'expression de leur visage aide beaucoup l'action magnétique.

» Quant aux êtres passifs, aux magné-

tisés, on recherche de préférence les personnes nerveuses, affaiblies, malades, hystériques, crédules, mélancoliques.

» On a décrit de plusieurs manières les
procédés magnétiques; chaque magnétiseur a les siens propres. Il suffit aux uns
d'imposer les mains sur le front de la personne qu'on magnétise, immédiatement
ou à une certaine distance; d'autres posent
la main sur l'épigastre, quelques-uns sur
les épaules. On fait asseoir la personne
qu'on veut magnétiser, on se place vis-
à-vis d'elle, de manière à la toucher par
les genoux et par le bout des pieds; alors,
avec les mains, on lui prend les pouces, que
l'on tient jusqu'à ce qu'ils se soient mis en
équilibre avec notre température; on place
ensuite les mains sur les épaules, et, au
bout de quelques minutes, on descend les
mains le long des bras, en ayant soin de
diriger l'extrémité des doigts sur le trajet
des nerfs qu'y s'y répandent; recommen-
cez ainsi à plusieurs reprises, après quoi

appliquez pendant quelques minutes les mains sur l'épigastre, et descendez ensuite vers les genoux et jusqu'aux pieds; reportez ensuite vos mains sur la tête du malade, en ayant soin en remontant de les écarter de lui, et descendez encore le long des bras jusqu'aux pieds. Après avoir recommencé ces pratiques plusieurs fois, le patient éprouve des tiraillemens dans les membres, de l'embarras dans la tête, de la pesanteur sur les paupières. Au bout de quelques séances, le malade s'endort complétement.

» On produit, quand on veut, la paralysie des sens et du mouvement. La présence de gens incrédules ou malveillans empêche la production des effets magnétiques.

» Après quelques séances, il n'est plus nécessaire que le magnétisé veuille être endormi; on l'endort malgré lui. »

Les magnétiseurs ont un amour-propre très-chatouilleux, surtout pour ce qui concerne leur clairvoyance : ils désirent tellement prouver qu'ils voient, *que ce désir*

leur fait souvent inventer des fables. Il
faut être fort sur ses gardes, pour ne
pas être être leur dupe. (Le professeur
Rostan.)

Nous allons rapporter la lettre circons-
tanciée d'un grand magnétiseur, person-
nage très-instruit de nos contrées, auquel
j'avais fait demander des renseignemens.

« C***, 2 Avril 1830.

» Je vous remercie, mon cher Monsieur
de L***, de m'avoir communiqué la lettre de M. Lafont-Gouzy, médecin à Toulouse, et dont j'ai entendu faire un éloge
distingué..... Certainement l'expérience que
nous avons faite chez vous est d'un haut
intérêt, et le spasme magnétique était porté
à un tel degré chez le pauvre Jean, qu'il
eût pu supporter, sans les ressentir aucune-
ment, les opérations les plus douloureuses
de la chirurgie. J'ai un précédent pour moi
à cet égard, c'est l'opération du cancer
faite par le célèbre Jules Cloquet, à Paris,
il y a six mois, sur une femme de cinquante-

quatre ans, à laquelle il a enlevé le sein gauche pendant le sommeil magnétique..... J'ai de plus la conviction intime de réussir, et sans laquelle la volonté, quelque forte qu'elle soit, ne produit que peu ou point d'effets magnétiques. Cependant il est, pour obtenir de semblables résultats, une condition, *sine qua non* : c'est qu'il faut que le malade ait été magnétisé plusieurs fois avant le jour fixé pour l'opération, et il est indispensable que le sujet soit propre à recevoir l'action magnétique.

» Ce serait une erreur grave, je dis plus, une insigne charlatanerie, de prétendre soumettre également tous les individus à l'influence du même magnétiseur. Je repousse cette doctrine comme fausse, erronée, et propre seulement à augmenter le nombre des incrédules de bonne foi ; car je m'occupe peu des frondeurs et des sceptiques ; je les plains, puisque les faits les tuent. Expérience et observation, voilà la devise de l'homme sage et de l'habile médecin.

» On parle beaucoup de l'opération de
Jean ; je crois en voir la raison : M. R***,
médecin d'une haute capacité ; M. L***,
dont la clientelle est nombreuse, et M. C***,
pharmacien plein de connaissances, y ont
assisté ; ils ont vu , ils ont dit que c'était un
fait remarquable..... On les croit, et on fait
bien, puisque c'est la vérité..... Mais si cette
absence de sensibilité et cette perte de sou-
venir chez Jean présentent un phénomène
dû à l'action magnétique que j'ai exercée sur
lui,... on le doit à l'action sur l'organisme.
C'est un phénomène physiologique que tous
les magnétiseurs, il est vrai, ne produi-
ront pas ; mais j'ai par devers moi des faits,
des preuves bien autrement fortes de la
réalité de l'existence de cet agent, qu'on
s'efforcera désormais en vain de méconnaî-
tre, car les lois de la nature sont immuables, comme son auteur.

» La loi peu connue qui régit ce que
peut-être on appelle fort improprement
magnétisme animal, peut supporter,

soyez-en sûr, mon cher ami, l'investigation des savans de bonne foi, qui oublieront Mesmer et ses baquets pour suivre la route nouvelle qu'a tracée le somnambulisme, route sûre et positive, qu'ont parcourue avec éclat, depuis dix ans, les *Wolfarth*, les *Huffeland*, les *Rostan*, les *Chapelain*, les *Georget*, les *Deleuze*, les *Bertrand*, les *Foissac*, et tant d'autres célèbres docteurs, académiciens et professeurs d'universités, que j'ai connus à Berlin, Vienne, Londres et Paris.

» Le magnétisme, mon cher de L***, n'est point une panacée universelle. Je suis pourvu, il est vrai, d'une force magnétique qui m'étonne moi-même; mais je n'exerce pas cette bienfaisante influence sur tous également..... En général, sur cent personnes que je magnétise, j'en endormirai, je le crois exact, environ quatre-vingts, mais pas toutes à la première séance, dans une sous-proportion de cinquante à quatre-vingts, c'est-à-dire que sur cent, cinquante seront endormies d'emblée, et trente à la deuxième, troisième, quatrième ou cinquième séances.

» J'ai dit que j'avais par devers moi des faits plus surprenans que celui de l'opération de Jean, sur laquelle on m'écrit de partout.... Oui, certainement, et je me ferai un plaisir, je dis plus, un devoir de les communiquer à M. le docteur Lafont-Gouzy avant l'impression de mon ouvrage ; ce sont des hémopthisies, des épilepsies, des maladies d'hémorrhoïdes, des laits répandus, des suppressions opiniâtres, des maladies histériques, des affections comateuses ; enfin, des névroses extraordinaires guéries, et radicalement guéries par les effets du magnétisme, avec offre positive de ma part de traiter quand on le voudra quelque sujet que ce soit atteint de maladies du sang, du lait ou des nerfs en géneral.

» Cependant, si l'action du magnétisme sur l'organisme peut, à la rigueur, s'expliquer par les lois de la physique, ce sera, il

le faut bien, quand même, une nouvelle
branche de la physiologie à étudier. Quant
à l'action du magnétisme en psychologie,
c'est une autre question.... Les faits que
j'ai par devers moi confondent mon faible
raisonnement. Si les faits physiologiques
sont extraordinaires, ceux-ci, d'un ordre
plus relevé, sont du domaine intellectuel ;
ils renversent toutes les lois de la physique,
ils sont inconcevables et miraculeux.... Je
ne puis les écrire, et me borne à vous répéter ce qu'a écrit l'auteur de la *Physiologie
du système nerveux*. Après avoir composé
un ouvrage sur la folie, dans lequel il pro-
fesse hautement le matérialisme, le docteur
Georget écrit dans son testament : *De
nouvelles méditations , et surtout les
phénomènes du somnambulisme magnétique, ne me permirent plus de douter de
l'existence en nous et hors de nous d'un
principe intelligent, tout-à-fait différent
des existences matérielles.* Ce sera, si
l'on veut, l'âme et Dieu. *Il y a chez moi, à*

cet égard, une conviction profonde, fon-
dée sur des faits que je crois incontesta-
bles. Peut-être un jour aurai-je le loisir
de faire un travail sur ce sujet, etc., etc. *

» Recevez, mon cher de L***, la nouvelle assurance de mon inviolable attachement. Dimanche, à deux heures, séance
complète. J'aurai dix ou douze somnambules, beaucoup de malades, et trois docteurs, dont l'un est étranger.

» Votre affectionné serviteur et ami,

» Le comte de B***.

» *A Monsieur de L***, juge de paix à C*** ».

Telles sont, mot à mot, les déclarations
et les prétentions des magnétiseurs et autres dont je vais m'occuper.

* Voyez les *Archives générales de Médecine*, cahier de
Mai 1828.

CHAPITRE II.

Origine et Généalogie du Magnétisme.

———

Il n'est nullement question ici de décider si la filiation et l'hérédité dont se vantent les magnétiseurs est réelle et prouvée, et s'il est vrai que les magiciens, les sorciers, les pythonisses d'autrefois employaient précisément l'agent, les procédés et les moyens dont se compose aujourd'hui l'art magnétique. Les déclarations et les affirmations des magnétiseurs, qui en appellent au jugement des physiciens et des médecins, et les faits qui accompagnent leurs ouvrages et leur pratique, seront le point de départ, le texte et l'objet de mon examen médico-légal. Toutefois, je dois observer, en passant,

que rien n'autorise à admettre l'identité de
la magie et du magnétisme.

Cela posé, si l'on suit la filiation des
sectes prétendues magnétiques à travers
les dénominations, les déguisemens et les
prétextes dont elles se sont servies, on
reconnaît leur existence dans tous les siècles et dans tous les pays, jusque dans
l'antiquité la plus reculée. On sait également que les sorciers se retrouvent encore
chez toutes les peuplades sauvages *.

Pline, le naturaliste, a parfaitement indiqué l'origine, les progrès de la magie et
de la sorcellerie, ainsi que le nom des personnages fameux qui pratiquaient cet art
et l'avaient mis en crédit. Les superstitions,
les impostures, les méfaits de ces gens-là,
n'ont pas eu d'adversaire plus sincèrement
indigné. Citons quelques passages : « C'est
l'art le plus trompeur, et qui a toujours eu
le plus de crédit sur tout le monde. Faut-il

---

* Voyez *Lettres édifiantes et curieuses*.

s'en étonner, lorsque la magie embrasse les trois arts qui ont le plus de pouvoir sur l'esprit des hommes, la médecine, la religion et les mathématiques? Ces rêveries sont passées par tradition jusqu'aux Romains, après avoir été adoptées avec enthousiasme par les Grecs ».

Du temps de Pline, cet art avait gagné jusqu'à l'Angleterre et les extrémités du monde connu. *Adeo ista toto mundo consensere, quamquam discordi et sibi ignoto.* (Lib. 30.) Ce grand homme en attribue l'invention à Zoroastre, opinion que les modernes partagent également.

On peut réduire à quelques lignes le sentiment de Pline. *Cet art*, dit-il, *est détestable dans la pratique et vain dans ses effets. Les effets réels dérivent des maléfices et non de la magie. — Proinde ita persuasum sit intestabilem, irritam, inanem esse, habentem tamen quasdam veritatis umbras : sed in is veneficas artes pollere non magicas.*

Le grand Hippocrate, qui se trouve toujours à la tête des penseurs favorables à la raison, à la science et à l'humanité, se livre à son indignation quand il examine, discute et combat les pratiques des magiciens très en vogue de son temps. Les charlatans, les fourbes, dit-il, abusent de l'ignorance, de la superstition, de la crédulité et de la faiblesse des hommes. Il y a autant d'ignorance et de déraison, que d'impiété, à croire que les magiciens ont un pouvoir divin.

Platon, Démosthène, Pausanias, nous apprennent que les esprits sages de la Grèce partageaient l'horreur d'Hippocrate pour les magiciens et les sorciers, et même qu'ils les jugeaient dignes du supplice.

On sait avec quel soin et quelle sévérité la législation des Juifs interdisait tout commerce avec ces gens-là, que le paganisme traînait à sa suite. Une des premières lois de Moïse condamnait à mort ceux qui usaient d'enchantemens, de sortiléges *.

Philon, célèbre philosophe juif, expliquant cette sévérité des lois de Moïse, dit que *ces abominables gens s'étudient à nuire aux autres, qu'ils changent la nature raisonnable, douce et sociable de l'humanité, en férocité et sauvagerie.*

Plutarque, Origène et saint Augustin, font sur les magiciens cette remarque d'un grand poids : *Toutes les sectes, soit de religion, soit de philosophie, à l'exception des épicuriens, ont décerné des peines contre les sorciers.* Il est bien digne d'observation que le magnétisme ait de nouveau trouvé grâce devant la philosophie d'Epicure, qui règne depuis soixante ans.

Les Romains les traitèrent de même, et Auguste redoubla de sévérité contre un art réputé abominable, infernal.

Ses successeurs renouvelèrent les mêmes lois. Les termes de celle de l'empereur

* Voyez *Exode, Lévit., Deutéron.*

Adrien, qui est la première du corps du droit sur cette matière, sont remarquables : *In maleficiis voluntas spectatur non exitus*. Ceux qui l'exerçaient étaient donc considérés comme criminels par état, et sans qu'il fût nécessaire que leur volonté passât aux actes.

Dans les premiers siècles, les sorciers étaient multipliés dans l'empire ; la ville d'Ephèse, par exemple, en était remplie. A la fin du quatrième siècle ; ils furent poursuivis par Valens et Valentinien avec une sorte de fureur aveugle. Cet art, prodigieusement répandu, servait à satisfaire, disent les historiens, les passions impérieuses du paganisme ; mais quoique proscrit et condamné par les lois romaines comme par l'opinion publique, jamais il n'avait été l'objet de tant de recherches et de violentes persécutions.

Dès les premiers temps du Christianisme on remarqua les rapports de la magie avec les superstitions, les fraudes, les vices et

les crimes. On vit que les personnes amol-
lies, ou ruinées par le luxe, le jeu, la dé-
bauche, avaient recours à cet art et le pratiquaient ; d'autres, sans naissance, sans
réputation, ni biens ni talens, portés au mal
par leur tempérament, cherchaient dans
cet art le moyen de satisfaire leur cupidité,
leur ambition, leurs passions, leur bruta-
lité ; on savait, enfin, que les ignorans, les
crédules, les faibles, les curieux, étaient
dupes des sorciers, que le vulgaire appelait
maleficos, malfaiteurs. Dans les quatre
premiers siècles les chrétiens même étaient
gagnés, et l'histoire apprend que beaucoup d'esprits faibles, de femmes simples,
d'hommes débauchés, corrompus, suivaient
le parti des magiciens, dont la cour impé-
riale même était infectée.

Voilà pourquoi le concile d'Ancyre pro-
nonça anathême contre eux, et les condamna
à cinq ans de pénitence.

Tous les princes chrétiens, jusqu'à Char-
lemagne et à Louis XIV, ont vu du même

œil, proscrit et condamné les magiciens et les sorciers. L'ordonnance de ce dernier, signée Colbert (1682), est remarquable. Ce grand roi, se croyant chargé *de pourvoir à la sûreté et au repos de son peuple, veut préserver les ignorans, les simples, les crédules, des superstitions, des erreurs, des séductions et maléfices, et, enfin, des crimes dont ils se rendraient coupables.*

Le Christianisme parvint à rendre rare cette profession et les pratiques mystérieuses dont elle était accompagnée ; mais elle se maintint sous divers déguisemens parmi les personnes éclairées, et surtout les médecins. C'est ainsi que l'astrologie, branche de la magie, fut en grand crédit jusqu'au dix-septième siècle ; ensuite les progrès de la raison, les lumières de la police et de la jurisprudence, firent disparaître les sorts et les charmes, etc., excepté parmi le peuple, où ces croyances se sont soutenues.

Tel est le précis historique de la magie,

sorcellerie, astrologie, etc., dont l'origine se mêle aux temps primitifs de l'histoire et aux fictions de la fable. Dans le cours du dix-huitième siècle, ces croyances furent tournées en dérision par les philosophes et les encyclopédistes ; en sorte que les classes supérieures et la bourgeoisie, endoctrinées par ces nouveaux précepteurs, ne pouvaient plus, sans rougir, croire à un art qualifié d'abominable, de satanique, de criminel pendant tant de siècles !

Cependant il est impossible de nier la force des convictions de tant de peuples et de tant de siècles. Depuis plus de deux mille ans on a pensé, dit, reconnu, que la magie, la sorcellerie servaient à divers maléfices ; que des charlatans, des fourbes, des débauchés, se servaient du voile et des expédiens des sorts pour tromper les ignorans, les crédules, les timides, afin de suborner, voler, empoisonner et commettre d'autres crimes. Tout cela était connu des Juifs, des Grecs et des Romains, en sorte

que les gens adonnés à ces sortes de pratiques passaient pour des scélérats, des
monstres.

D'un autre côté, l'existence, le pouvoir
et l'effet de cet art, quel qu'il fût, ne pouvaient être niés sérieusement. Les plus anciens auteurs, les plus sages de Juda et du
paganisme, l'avaient en horreur ; les plus
grands personnages du Christianisme, les
conciles, les évêques, l'ont signalé, flétri,
condamné par leur anathême ; tous les
princes, depuis l'empereur Auguste jusqu'à Louis XIV, ont fait des lois pour le
proscrire et le punir ; enfin, les parlemens
et les tribunaux de France et d'Europe .
ont jugé les maléficiateurs.

Or, il est impossible que la raison de
tant de législateurs, d'écrivains et de peuples divers, ait été obscurcie sur une affaire
de cette importance ; impossible de supposer que des illusions, des supercheries, fondées sur l'ignorance, la crédulité, la superstition, aient à ce point excité l'indignation

et le courroux de tout le genre humain éclairé; impossible de supposer que tant de lois religieuses et humaines, tant de sages, de jurisconsultes et de papes, de souverains et de tribunaux, se soient aveuglément obstinés *à prévenir, combattre, punir un art innocent ou chimérique !!!*

CHAPITRE III.

Métamorphose de la Magie en Magnétisme animal.

———

Cependant la magie, que nous venons de voir tour à tour poursuivie par l'ana-thême, les condamnations et les sifflets, se releva sous une nouvelle forme vers la fin du dix-huitième siècle ; alors, changeant de nom, d'état et de prétexte, elle parut hardiment et avec éclat en présence des académies, des savans, des grands et de la cour de France, sous *le titre fastueux de Magnétisme animal.* Il ne s'agissait plus de l'esprit de Python, on n'invoquait pas plus Apollon ou Diane qu'Esculape et Zoroastre. Mesmer, méprisé, traité de visionnaire par les savans de l'Allemagne, se rend en France. Vainement les savans de Paris le

repoussent ; il en appelle au public ignorant
et crédule ; il trouve des dupes et des pro-
tecteurs parmi les personnes de marque, et
surtout parmi les dames, qui multiplièrent
sa vogue. Deslon, professeur de la Faculté
de Paris et médecin du comte d'Artois ;
d'Espremenil, conseiller au parlement de
Paris, et le célèbre Bergasse, se déclarèrent
pour le magnétisme avec une chaleur et
un enthousiasme incroyables ; et, réunis
avec le fameux général Lafayette, ils pro-
curèrent à Mesmer une souscription de
340,000 fr., qu'il toucha. Des ministres
d'état, tels que le baron de Breteuil, fasci-
nés, comme tant d'autres, par la vogue
du charlatan, lui offrirent, au nom du
Roi, 20,000 fr. de revenu, et 10,000 fr.
pour établir une clinique magnétique. Le
magnétisme était devenu une affaire de
mode et de bon ton, une sorte de denrée
de première nécessité ; enfin, les femmes
les plus coquettes et les plus crédules cou
raient après les baquets, lorsque le rapport

des commissaires vint refroidir les imaginations et réduire Mesmer à vivre hors de
France, des 30,000 fr. de rente dont la
légèreté nationale l'avait muni. Louis XVI,
informé, par le rapport des commissaires,
du charlatanisme, de l'immoralité, et des
pratiques attentatoires aux mœurs que le
magnétisme traînait à sa suite, déssilla
les yeux aux Français abusés.

Mesmer avait donc imaginé l'existence
d'un fluide dont la nature humaine serait
imprégnée, qui passait du magnétiseur au
magnétisé par le moyen des gestes, des
attouchemens et des passes ; en sorte qu'une
fois les deux contractans mis en rapport,
la personne magnétisée éprouvait une espèce de transformation étrangère à la nature ordinaire, et devenait capable de
devination et d'autres prodiges.

Mesmer et ses partisans excitèrent un
enthousiasme incroyable dans toute la
France. Les personnes les plus respec-
tables furent séduites, la haute classe

fut comme fascinée, magnétisée. A les
en croire, cette découverte n'était pas
seulement avantageuse à l'humanité malade : les animaux, les végétaux, la nature
entière, devaient en éprouver l'heureuse
influence. Un moine fanatique prétendit que
désormais les femmes accoucheraient aisément et sans douleur, et le comte de Puisségur forma, dans sa terre, près de Sois-
sons, *un arbre médecin guérisseur.* Les
malades, qui accouraient de toutes parts
chez ce gentilhomme, étaient ceints avec
une corde attachée à l'arbre magique, et
M. de Puisségur publia la nombreuse liste
des cures prodigieuses qu'il avait opérées.
Les merveilles du magnétisme surpassè-
rent en réalité les métamorphoses d'Ovide
et les prodiges de l'ancienne magie.

Il faut rappeler la confiance aveugle que
Mesmer inspirait à ses malades ; ses adversaires même reconnaissaient l'espèce de
sortilége dont il était muni à cet égard.
M.lle Paradis, célèbre musicienne, aveugle,

et sujette aux lésions mentales, fût vainement traitée par l'oculiste Wenzel et le
docteur Stæch, qui déclarèrent sa cécité
incurable. Mesmer s'en empare, et se vante
de l'avoir guérie. Ces médecins eurent
beau affirmer le contraire; la multitude
crut l'imposteur, jusqu'à ce que M.ᴵˡᵉ Paradis, venue à Paris pour faire connaître
ses rares talens, sa complète cécité excita
la pitié générale!

M.ᵐᵉ Poissonnier, femme d'un médecin
de Paris, attaquée d'un cancer, se livre
à Mesmer; elle publie qu'elle est mieux,
et meurt des suites de son mal!

Buisson, médecin de mérite, et premier
médecin de la comtesse d'Artois, attaqué
d'un polype nazal jugé incurable, s'aban-
donne à Mesmer, qui promettait la guérison à tout le monde avec une assurance
incroyable. Un mois après, le polype se
fond, Mesmer et ses partisans crient au
miracle, les journaux sont remplis du récit
de cette cure, sur laquelle un volume est

publié, et,...... quinze jours après, Buisson meurt d'une fonte cancéreuse !

La marquise de Fleury, engouée de Mesmer, ayant la vue très-faible, s'établit chez lui, devient aveugle deux mois après, et meurt au baquet, après avoir publié partout qu'elle était guérie !

La duchesse de Chaulnes, engagée sous le même drapeau, se livre à Mesmer, auquel elle fut recommandée par la Reine; elle était attaquée d'engorgemens abdominaux, et succombe à l'ascite, presque au moment où elle proclamait sa guérison !

Court de Gébelin, un des premiers mérites et des plus savans hommes de France, étant pris d'une maladie incurable, se jeta dans le magnétisme. Bientôt il est mieux; il publie sa guérison dans toute l'Europe, Mesmer et ses partisans triomphent et se glorifient,... et Gébelin meurt au baquet, d'une suppuration rénale, démontrée par l'autopsie!

Je ne blame pas les malades qui cherchent l'impossible, mais je rapporte ces faits pour montrer avec quelle défiance il faut les recevoir. Desbois de Rochefort, professeur du plus grand mérite de la Faculté de Paris, déclare que les observations merveilleuses de cette secte *portent un caractère reconnaissable d'ignorance, d'impudence et de fausseté.* Ce médecin expérimenté et d'un jugement si exquis, après avoir suivi attentivement cette nouveauté, conclut : « que les médecins jeunes et vieux doivent s'éloigner avec soin de ces assemblées, parce qu'il n'est pas sage de rester au milieu des illusions et des tours employés par le charlatanisme. »

On aurait de la peine à croire au plus grand prodige de Mesmer, si Paris et la France ne l'avaient vu. Cet homme commença par mépriser la médecine, qu'il ne connaissait pas, et rechercha dans l'astrologie et autres visions le fondement du système qui l'a véritablement enrichi. Laissons de côté ce système, et bornons-nous à

indiquer rapidement les applications thérapeutiques.

C'est principalement dans les affections
nerveuses que Mesmer réussit, aidé d'ailleurs par les divers moyens hygiéniques
et médicamenteux dont il faisait usage en
même temps. Or, tous les médecins savent
que, par le régime, les exercices, et par tout
ce qui réagit sur l'imagination, on soulage,
on guérit les malades. Il employait aussi les
frictions sur les organes les plus sensibles
de la femme, circonstance dont je ne veux
point parler longuement. Quant aux maladies aiguës et chroniques, il échoua hon-
teusement, lorsqu'il n'employa pas les
remèdes dont la médecine fait usage.

Mesmer n'a donc réussi quelquefois,
qu'en séduisant, captivant l'imagination,
ou en employant les moyens ordinaires de
la médecine. Ainsi le magnétisme était
étranger à la cure.

Le pouvoir de cet agent parut à tel point
chimérique, que plusieurs médecins de la

commission et autres obtinrent, *sans le secours du magnétisme, les effets qu'on attribuait aux procédés de Mesmer.* C'est ainsi que M. Sigaud, médecin de Paris, et M. Bertholet, médecin du duc d'Orléans, *auraient dérouté tout autre que Mesmer, en produisant des effets magnétiques par le seul jeu, la seule influence de l'imagination.* M. Sigaud poussa loin la plaisanterie. Après avoir été inutilement magnétisé par M. de Puisségur, il se donna pour possesseur du secret, et se fit fort de convaincre les incrédules. Le voilà qui s'amuse à faire des passes, etc., et une jeune dame en éprouva même des convulsions redoutables !

Le désenchantement et l'indifférence, qui suivent de près en France les fascinations et les folies, et enfin, l'ouragan révolutionnaire, firent, pour ainsi dire, disparaître le magnétisme. Mais sous la prétendue Restauration, l'esprit national, rendu au calme de la paix, se travailla de nouveau, se laissa aller aux impulsions de la politique, de l'industrie, etc. Le temps était propre à divers égaremens, qualifiés de nouveauté, de progrès, de réformes morales et scientifiques ; autant d'espèces de pavillons qui couvrent honorablement toute duperie.

Mesmer, comme on l'a vu, s'était efforcé d'ôter à la sorcellerie la noirceur de son origine, de ses moyens et de ses pratiques ; il réduisait tout à l'activité d'un agent prodigieux dans ses effets, mais naturel et utile dans ses applications magnétiques. L'entreprise n'était pas nouvelle. Dans tous les temps cet art a eu ses apologistes : les grands personnages qui l'exerçaient ont été loués, sous prétexte qu'ils faisaient, par des moyens naturels et savans, des choses merveilleuses ; enfin, on avait également dit que leurs secrets ne nous étonnent que parce que nous ignorons la cause productrice de tant d'effets extraordinaires.

Cependant le système et les prétentions

de Mesmer, repoussés à Vienne et à Berlin, furent flétris à Paris par la commission
de savans et de médecins chargée de l'examiner. L'Académie des Sciences, la Société
de Médecine et la Faculté de Médecine,
choisirent leurs députés pour examiner le
système, suivre et juger les épreuves magnétiques; c'étaient Franklin, Lavoisier,
Bailly, Leroy, Bory, Darcet, Majault,
Guillotin, Poissonnier, Desperrières, Caille,
Mauduyt, Andry, Jussieu. Jamais réunion
plus imposante.

La conclusion de la commission fut défa-
vorable; elle obtint des effets extraordinaires sans le secours du magnétisme; elle
ne croyait pas au fluide magnétique; enfin,
elle attribua à l'imagination les effets obtenus par Mesmer. Jussieu seul ne partagea
point cette opinion. Louis XVI fit imprimer
à vingt mille exemplaires le rapport de la
commission, et le répandit dans tout le
royaume. Le magnétisme parut aterré,
éteint.

Au reste, le magnétisme, à l'exemple de sa prétendue sœur, la magie, ne s'en tint pas à son spécifique occulte : le régime, les drogues, les onguens, les remèdes pharmaceutiques et autres, ont toujours fait partie de son bagage.

CHAPITRE IV.

Le Magnétisme, en apparence mort, se relève dans le dix-neuvième siècle.

———

Quarante ans après (1824), à la sollici-
tation pressante du docteur Foissac, l'Académie royale de Médecine reprend l'examen
de cette affaire. *Encore une fois, le magnétisme ne demande que des témoins et des
juges dignes de toute confiance !* Il était
impossible de se présenter mieux. Bourdois
de Lamote, Fouquier, Gueneau de Mussy,
Guersent, Itard, Leroux, Marc, Thillaye,
Husson, furent nommés commissaires. La
commission fit son rapport les 21 et 28
Juin 1831 ; ce rapport, lithographié, a été
adressé à chaque membre de l'Académie. Il
est en général favorable au système et aux

prétentions des magnétiseurs, et cependant, le croira-t-on? la discussion qui devait avoir lieu dans le sein de l'Académie a été ajournée indéfiniment !!! Cette savante compagnie serait-elle d'accord avec la commission, mieux avisée, pour faire oublier le travail que le docteur Dubois a examiné avec un esprit de critique remarquable? Je ne sais que dire; mais cette sorte de clandestinité recherchée, accordée si publiquement, semble décéler un sentiment de honte. Les commissaires auraient-ils été abusés, mystifiés de manière à compromettre le savoir, le jugement et l'honneur de leur compagnie?

Ce n'est pas tout; on va voir que le public n'est pas réduit à des conjectures; la commission a été *publiquement accusée d'avoir donné tête baissée dans des commérages, des supercheries, des illusions* étonnantes de la part de médecins d'un tel mérite; *on l'a accusée de s'être laissé abuser par des charlatans, des jongleurs.* Il faut voir le

Mémoire de M. Dubois, d'Amiens (*Revue méd.*, an 1832), pour sentir et apprécier toute la gravité de ce reproche. Bornons-nous à quelques traits.

M. le docteur Foissac avait promis à l'Académie *des épreuves décisives;..... il s'était fait fort de prouver;..... enfin, il possédait un sujet somnambule propre à éclaircir les questions ;* et quand cette fille, conduite au local de l'Académie, et magnétisée à coups redoublés, est soumise aux expériences,..... *elle ne peut opérer aucun prodige; elle se déclare fatiguée, frappée d'impuissance, par l'importunité et la défiance des commissaires ; enfin, elle cesse d'être mise à leur disposition, et disparaît...!*

Ainsi pour être, non acteur, mais simple témoin des faits et des miracles magnétiques, *il faut, avant tout,* être crédule et croire avant d'avoir vu : préalable fort étrange assurément en matière de physique. Il suit aussi que les incrédules et les

défians peuvent anéantir les facultés som-
nambuliques. C'est presque avouer qu'ils
jettent un *sort* sur les sorciers du magnétisme !

Un homme sans éducation, appelé Cazot,
fut somnambulisé, à son insu, à travers
plusieurs cloisons, dit la commission. Le
trait de Cazot me conduit à rappeler les
cas d'épilepsie et d'extase que raconte
Darwin. Un de ces derniers présentait,
dans ses accès alternatifs ou intermittens,
comme deux sortes d'esprit ou de mémoire.
(Sect. 19 et 34.)

Selon Darwin, les scènes de ce genre
extraordinaire sont moins des actes d'imagination que de mémoire. Je pense aussi que
les faits de Cazot, de Céline et autres dont
la commission s'est munie, pourraient trouver leur explication naturelle; leurs entretiens magnétiques se rapportent à ce qu'ils
ont pensé ou entendu dire : les somnambules s'embrouillent, se perdent; ils disent
des sottises quand ils vont au-delà.

Cazot, épileptique, vrai ou simulé, fut, à différentes reprises, soumis aux épreuves magnétiques ; il étonna par ses prévisions, ses prédictions, dont voici la plus saillante : « Trois semaines après l'accès du 25 Juin je deviendrai fou, ma folie durera trois jours ; je battrai tout le monde,.... et je serai guéri pour le mois d'Août ; une fois guéri, la maladie ne me reprendra plus, quelles que soient les circonstances qui arrivent ». C'est le 22 Avril qu'il fait cette prédiction, le malavisé Cazot, et deux jours après, 24 Avril, voulant arrêter un cheval fougueux, *il fut écrasé, et il alla mourir à l'hôpital.* Ce malheureux sorcier reçut donc un démenti on ne peut plus embarrassant pour les magnétiseurs et pour les commissaires, déjà enthousiasmés ; étrange prévision, qui l'avertit d'un *petit malheur qui n'aura pas lieu, et ne l'avertit pas du malheur grand, réel, irréparable, dont il allait être victime !* Je n'ai pas besoin d'ajouter que cette différence, commune aux fameux

magnétisés de Mesmer et à ceux d'aujour-
d'hui, rend le privilége de devination inutile, et ridicule au-delà de toute expression.

Je conseille aux magnétisés de toute
classe et de toute condition d'éviter
l'épreuve de la prévision et de la devination, conformément à la sentence
d'Horace :

« *Prudens futuri temporis exitum*
» *Caliginosa nocte præmit deus,*
» *Ridetque si mortalis, ultra fas*
» *Trepidat.* »

Passons à d'autres faits.

Une demoiselle Céline fut soumise à l'influence magnétique, et chargée de fournir
un grand exemple *de science médicale infuse.* Cet exemple prodigieux, attesté par la
commission, consiste en la consultation
que Céline, somnambulisée, donna à une
autre fille malade, *et que Dupuytren
avait soignée.* Vous allez voir : « Céline,
instruite de tout apparemment, parcourt de
ses mains les différentes parties du corps,

indique en termes techniques les organes souffrans et l'espèce de leur maladie, et finit par déclarer que le lait d'une chèvre frottée d'onguent napolitain convenait......» Jusque-là tout était merveilleux, et l'enthousiasme n'avait plus de bornes, lorsqu'on apprend que la science infuse de Céline *était précisément, et mot à mot, la consultation qu'avait donnée M. Dupuytren.* Cette coïncidence constatée fit tomber les mains à toute l'Académie;..... la commission, honteuse, fut accusée d'aveuglement intolérable !!!

Observons, pour abréger, que, dans le long espace de six ans, les premiers magnétiseurs de la capitale n'ont pu montrer à ces commissaires qu'un ou deux exemples de la fameuse clairvoyance magnétique, qui permet de voir, dit-on, à travers les paupières fermées, et ces exemples, examinés de près, se réduisent à une jonglerie de la part d'un magnétisé plus fin que les commissaires. A ceux-ci, du moins, on n'a

pas osé produire des lectures faites par l'oc-
ciput, par l'épigastre, par les doigts. Cette
fameuse jonglerie, bonne pour les gens du
monde, a sans doute paru impraticable
devant tant de médecins.

Quant à l'intuition, à la prévision, prodiges très au-dessus des autres, selon ce
que discnt les commissaires, on a entendu
les prouver par trois observations que M.
Dubois dissèque, examine. *La rougeur
me monte au visage,* dit-il, *quand je
songe aux jongleries que je vais dévoiler.*
Il faut lire cet article (*Rev. méd.*, tom 3,
1852), pour se faire une juste idée de la
crédulité puérile de la commission.

On est stupéfait, quand on voit qu'à
l'occasion de phénomènes absurdes, impos-
sibles, *sans le secours des commérages et
des jongleries magnétiques, on convoque
des médecins célèbres, et jusqu'aux som-
mités de l'ordre social, des députés, des
aides de camp du Roi.* Au reste, le mesmérisme avait offert le même spectacle ; il

traînait à sa suite la cour et l'élite de Paris.

« En résumé, l'extraordinaire, chez les hommes, est inculqué, étudié, acquis ; tandis que la femme est préférable pour les séances imprévues. » (Dubois d'Amiens).

Le trait si curieusement remarquable de Céline, mérite d'être rapproché de celui-ci, que raconte, dans le *Journal des Débats* (Juin 1829), un magistrat de la capitale, sans toutefois dire qu'il en a été témoin. Il s'agit de la fille de la dame opérée sans douleur d'un cancer au sein, par M. Cloquet.

« Sa fille, somnambule d'une rare lucidité, arrivée de province pour soigner sa mère, fut mise en état magnétique et consultée ;..... elle reconnut l'état désespéré de la malade, indiqua le jour précis de sa mort (le surlendemain);..... elle indiqua aussi avec la même précision l'altération des organes de la poitrine et du ventre;..... et toutes ces prédictions ont été vérifiées à l'autopsie. »

Cet autre exemple *de science médi-cale infuse*, aussi prodigieux que le pre-cédent, n'est qu'une scène de mémoire. Cette demoiselle, héréditairement magné-tique, et d'ailleurs entourée des magnéti-seurs-médecins qui assistaient sa mère, a certainement entendu les entretiens de ces derniers. Sans cela, ou toute autre leçon préalable, comment aurait-elle pu parler avec tant d'intelligence et de savoir réel et en si bon termes, des faits anatomiques et autres que Morgagny, Laennec, Bayle, Dupuytren et autres, ont appris au monde médical? J'en appelle au bon sens. Si les ma-gnétisés sont si habiles sans étude, pourquoi l'Institut, l'Académie, les Facultés de Méde-cine? Si le magnétisme initie les ignorans aux secrets les plus hauts et aux connaissan-ces positives de la médecine, pourquoi ont-ils attendu jusqu'à ce jour pour parler, et pour-quoi n'ont-ils pas fait l'affront, soit à Hippo-crate, soit à tous les fameux maîtres qui ne savaient rien de l'anatomie pathologique?

Quand on voit plusieurs médecins abusés et mystifiés par les prétendus oracles du magnétisme, on est autorisé à penser qu'un magistrat a pu succomber aux mêmes séductions.

Aussi le rédacteur du *Journal des Débats,* après avoir rapporté cette lettre, ajoute : « Le témoignage de ce magistrat est d'un grand poids, et cependant libre à tout le monde d'en croire ce qu'il voudra. »

On ne peut pas dire plus poliment aux magnétiseurs les soupçons dont il est impossible de se défendre.

La prétendue science infuse de Céline et de l'autre dame n'est qu'une scène de mémoire analogue à celle dont les somnambules naturels m'ont rendu témoin, et au cas instructif que rapporte Darwin dans la *Zoonomie* (sect. 34). Cet enfant raconta minutieusement, dans un accès de somnambulisme, toutes les circonstances d'une partie de chasse qu'il avait vue deux années auparavant. Ce fut une représentation parfaite avec l'indication des personnes présentes et même de celles qui ne se rendirent pas.

Le célèbre professeur Fodéré, qui avait été témoin du mesmérisme (en 1788), alors en vogue à Paris, déclare que d'abord il ne crut pas à des rêveries qui sous ses yeux avaient été sans résultat, *sauf pour les compères qui étaient du secret ;* ensuite, dit-il, les imaginations se montèrent, et l'on obtint quelques effets physiques, tantôt en bien, tantôt en mal.

Le même professeur se moque du cours sur le magnétisme qu'entreprit à Paris un médecin appelé Dupotet; il rit aussi de la bonne société de Paris, qui accourut à toutes les niaiseries magnétiques de ce médecin. Les étudians en médecine se dégoûtèrent; ils assistaient à ses leçons comme à un spectacle bouffon *. Voici le jugement de ce journal de médecine sur le cours Dupotet :

* Voir la *Lancette Française*, 3 et 10 Mars 1829.

« Il est presqu'impossible à M. Dupotet de pousser plus loin les choses, et il doit enfin comprendre que les faits sont trop vagues, trop incohérens, trop variables, pour donner matière à un cours. Comment a-t-il pu s'imaginer qu'un auditoire éclairé prendrait pour un cours le récit d'une longue série de certificats et de protestations? Il doit voir aujourd'hui combien il s'était trompé...... Aussi s'est-il hâté de finir, et d'égayer les assistans par les farces ordinaires du sieur Carloti. »

Les prestiges magnétiques ont donc été réduits à leur simple valeur par des observateurs calmes et attentifs, par des médecins de mérite et de jugement, enfin, par des praticiens versés dans la connaissance des affections nerveuses, hystériques, mentales, et autres dont le magnétisme simule quelques traits. Ainsi, depuis plus de mille ans, l'horreur, l'indignation, ou le mépris et la risée, poursuivent le même art. On voit, enfin, que, dans l'espace de soixante ans, les magnétiseurs, vus deux fois à l'œuvre, ont échoué chaque fois, en présence des compagnies savantes, prises pour arbitres et pour juges.

Nous sommes donc éclairés et fixés sur les prétendus prodiges dont le magnétisme se sert pour éblouir, fasciner, entraîner; enfin, pour s'accréditer dans l'opinion des hommes.

Cependant, quand on examine, de sang-froid, les faits avoués de part et d'autre, et les débats qu'ils ont produit au grand jour, on ne peut se dissimuler par combien de motifs il importe de pousser plus loin cet examen, ni la consistance de quelques médecins qui soutiennent et pratiquent le magnétisme. MM. Georget, Ferrus, Gaymar, Rostan, Husson, etc., sont des autorités bien autrement imposantes que Vanhelmont et Mesmer.

J'ai d'ailleurs personnellement connaissance des soulagemens remarquables obtenus par les magnétisations répétées, presque tous les jours, sur des personnes nerveuses et maladives, dont les médecins avaient cessé de s'occuper. Sans doute, elles ne sont pas guéries, mais leur état, leur sort a été amélioré. Un magnétiseur de profession, qui avait opéré une de ces cures palliatives, se jeta sur un terrain plus scabreux. Crédule et enthousiaste, il voulut reproduire le prodige des devins, et reconnaître les détails d'une maison sans le secours des yeux ni du tact...! L'épreuve fut faite en présence de plusieurs témoins éclairés ; elle tourna à sa complète confusion !

Il ne faut pas perdre de vue qu'ici la loyauté et l'impartialité rencontrent inévitablement des infirmités extraordinaires, des fous ou des jongleurs, circonstances productrices de phénomènes et d'illusions difficiles à démêler et à expliquer, si l'on perd un instant de vue les grandes et sûres données de la science sur les faits de ce genre. Quand on lutte avec les sorciers,..... il faut être sur ses gardes !

Une plus grande merveille, attestée par divers exemples, c'est de pouvoir endormir, enchaîner la sensibilité, au point que des opérations chirurgicales ont été faites sans causer de douleur, et même à l'insu des personnes opérées.

Citons. M. Oudet, dentiste, a assuré en pleine Académie qu'il avait arraché une grosse dent molaire à une jeune dame somnambulisée, sans l'éveiller; la jeune dame avait seulement retiré un peu la tête et poussé un léger cri. Ces faits d'insensibilité plus ou moins complète se retrouvent chez quelques personnes non magnétisées, comme la commission nommée le 12 Février 1836 l'a constaté.

M. le docteur Chapelain traitait une dame très-nerveuse et disposée au somnambulisme, qui avait un cancer ulcéré au sein droit, avec engorgement des parties environnantes. Le mal ayant résisté à tous les remèdes ordinaires, M. Jules Cloquet fut consulté. L'opération étant résolue,

M. Chapelain, qui avait plusieurs fois magnétisé la malade, proposa de recourir au
même moyen, afin de lui épargner les dou-
leurs de l'opération. La dame étant plongée
dans le sommeil magnétique, M. Cloquet
fit l'opération, qui dura onze minutes. La
tumeur fut extirpée et les ligatures faites,
sans que la dame, impassible, montrât ni
sensibilité, ni douleur. Le pansement fini,
la dame fut transportée dans son lit, toujours plongée dans le même sommeil, que
l'on fit cesser quarante-huit heures après,
et lorsque le premier appareil venait d'être
levé. A son réveil, la dame fut fort étonnée
d'apprendre qu'elle avait subi l'opération,
et son émotion fut très-vive, etc. (*Gazette
de santé*, 25 Avril 1824.)

Cette dame fut magnétisée et endormie
à chaque pansement, et elle mourut le
seizième jour après l'opération. Son autopsie fut rapportée dans les divers journaux
de médecine, entr'autres la *Lancette*,
n.° 79.

Enfin, je connais le cas attesté par divers témoins, de l'ouverture d'un phlegmon
à l'insu du malade endormi par le magnétiseur dont j'ai cité une lettre.

Tels sont les trois faits les plus extraordinaires et les mieux attestés en faveur de
ce genre d'utilité : c'est bien peu pour tant
de prétentions et tant de bruit! Je vais
montrer que ces prétendus prodiges ne
prouvent rien en faveur du magnétisme et
ne peuvent servir de passeport à son utilité.

1.º Certaines personnes ont naturellement, ou par l'effet d'un état anormal, une
sensibilité obscure, et qu'on pourrait appeler ladres. « J'ai connu des hommes, des
femmes et des enfans ainsi nés, qu'une
bastonnade leur est moins douloureuse
qu'à moi une chiquenaude, qui ne remuent
ni langue ni sourcil aux coups qu'on leur
donne » (Montaigne). Dans le nord et
parmi les sauvages, cette insensibilité n'est
pas rare.

2.º Lorsque l'opération de la dame fut

communiquée à l'Académie de Médecine,
MM. Larrey, Ribes et Ivan, chirurgiens
militaires, citèrent des exemples d'impassi-
bilité dans différentes opérations graves.
MM. Gimelle et Hedeloffer déclarèrent aussi
qu'ils avaient fait la même observation. J'ai
été pareillement témoin des mêmes faits.

Enfin, dans les commotions traumati-
ques, dans plusieurs maladies cérébrales,
telles que l'aliénation, l'épilepsie, on observe
cette insensibilité. Les maniaques circoncellions, ceux des Cevennes et de Saint-
Médard, ont offert le même spectacle sans
aucune intervention magnétique.

3.° Il est des conditions organiques qui
permettent la léthargie et la mort apparente, telles que celles du colonel Townshend;
l'analogie est trop étendue, pour ne pas
réduire à des proportions naturelles le
phénomène de l'insensibilité magnétique.

4.° L'utilité des opérations faites sans
douleur fut vivement contestée au sein de
l'Académie de Médecine de Paris, quand

cet exemple fut communiqué. De grands chirurgiens, entr'autres mon célèbre maître et ami, le baron Larrey, nia cette utilité. Or, son expérience surpasse tout ce que la chirurgie a jamais produit.

5.° L'exercice du magnétisme, dans les situations qui se prêtent à l'insensibilité, ne peut jamais être toléré et doit toujours être puni, puisque *dans cette mort apparente le magnétisé peut être dégradé, mutilé, à la manière d'Abeilard, et même tué de manière à simuler le suicide!!!* Il est impossible d'accorder à qui que ce soit la faculté d'aliéner, de suspendre, soit la raison, soit la sûreté et la liberté des citoyens. Allons plus loin.

En Février 1837, un médecin de la Faculté de Paris, M. Berna, demanda de nouveau à l'Académie royale de Médecine que le magnétisme fût de rechef examiné, *et se fit fort de* prouver toutes les merveilles niées ou contestées. En conséquence, une commission, composée de neuf médecins, chirurgiens et physiciens, les uns favorables et les autres contraires au magnétisme, fut nommée; elle se réunit, convint à l'unanimité des précautions à prendre, et procéda à l'examen, à l'estimation attentive des expériences et des faits décisifs qui lui étaient promis. La conclusion de ce rapport remarquable, *arrêté à l'unanimité*, est « que M. Berna s'est fait illusion à lui-même, quand il s'est fait fort de donner à l'Académie l'expérience personnelle qui lui manquait; lorsqu'il a offert de faire voir des faits concluans; lorsqu'il a affirmé que ces faits seraient de nature à éclairer la physiologie et la thérapeutique. Ces faits ne sont rien moins que concluans en faveur du magnétisme même, et ils ne peuvent avoir rien de commun, soit avec la physiologie, soit avec la thérapeutique. » Signés, Roux, Oudet, Bouillaud, Cloquet, Emery, Pelletier, Caventou, Cornac, Dubois.

Le docteur Berna échoua dans toutes les

parties du programme *qu'il s'était lui-même proposé,* et qui renfermait les sept principaux faits démonstratifs *de l'existence, du pouvoir et des prodiges du magnétisme.*

Donnons une idée des illusions des magnétiseurs et des magnétisés, et des précautions dont il faut s'entourer pour n'en être pas dupe. (*Revue d'Octobre,* page 144.)

La fin du rapport de cette dernière commission était un défi jeté au visage de tous les magnétiseurs. Piqués au vif, ceux de la province se levèrent avec d'autant plus d'ardeur, que M. Burdin avait pris l'engagement de compter 3000 fr. à celui qui ferait lire ou voir un objet sans le secours des yeux et de la lumière.

.....*Si labor terret..... merces invitet.*

M. Pigeaire, médecin de Montpellier, aspira à ce prix. Ayant fait les preuves magnétiques en présence de plus de quarante personnes, dont plusieurs professeurs de Montpellier, il envoya le certificat à l'Académie de Médecine de Paris, qui lui répondit : « Nous ne lisons pas de certificat ; venez répéter l'épreuve en présence de la commission. » Une circonstance singulière doit être remarquée, c'est que la fille du docteur Pigeaire, qui *voit sans yeux, a pourtant besoin de lumière pour voir pendant les expériences magnétiques.* On va voir comme tout excite la défiance et les soupçons dans cette œuvre ténébreuse. D'après le témoignage et le rapport fait par un médecin impartial qui croit au magnétisme, sur l'épreuve dont Mlle Pigeaire a été l'objet à Paris, il conste, 1.º M. Pigeaire exigea la modification du programme de l'Académie, qui excluait le grand jour ; on lui fit cette concession, qui devait être inutile, si sa fille voyait sans le secours des yeux. D'autres conditions exigées par M. Pigeaire furent rejetées par l'Académie, en garde contre la supercherie. Dès-lors, on se demanda, qu'est venu faire à Paris

Mlle Pigeaire, puisqu'elle ne peut lire que par le secours des yeux ?

2.° Soumise néanmoins à quelques expériences, il fut reconnu *par les académiciens-magnétiseurs qu'elle n'était ni somnambule ni magnétisée* quand elle a présenté le phénomène étonnant de lire, malgré le taffetas d'Angleterre dont ses yeux étaient couverts ; d'où la commission conclut qu'elle *était exercée à ce manége.*

3.° M., Mme et Mlle Pigeaire s'en retournèrent désappointés et confus, laissant les nombreux témoins, commissaires et autres, persuadés que la jeune demoiselle n'était pas plus somnambule que capable de voir et de lire sans yeux !!!

4.° La commission découvrit que, par l'exercice et l'habitude, la demoiselle s'était mise à même de lire avec très-peu de lumière passée à travers le bandeau. MM. Gerdy et Velpeau parvinrent à distinguer les petits trous du bandeau, et à reconnaître, par ce moyen, l'as d'une carte à jouer.

Tel a donc été le résultat du grand prodige magnétique, pompeusement annoncé
depuis long-temps par toutes les trom-
pettes de la renommée *.

Quant aux bévues, aux mécomptes, aux
supercheries, aux jongleries magnétiques,
le cours de M. Dupotet en a fourni des
exemples de la force de celles dont la commission de l'Académie a été pitoyablement
victime **.

Les incrédules et les rieurs de la classe
des étudians en médecine ont causé à M.
Dupotet les plus honteux désappointemens.
Les magnétisés qui devaient servir de
preuve, deviner, prédire, voir par les
doigts, etc., *ne savaient rien, à cause
des malveillans de l'auditoire.* Les plai-
santeries même du journal les frappaient
de stérilité ! Au reste, le docteur Fabre,

---

* Voyez le *Bulletin des séances de l'Académie royale de
Médecine*, la *Revue médicale*, le *Bulletin général de Thérapeutique*, etc. Août 1838.

** Voyez la *Lancette*, n.os 78 et 83.

qui s'égaie spirituellement à ce sujet, déclare que la clinique magnétique est la
plus agréable que la médecine puisse voir.
« C'est la plus belle moitié du genre humain qui vient presqu'uniquement récla-
mer les bienfaits de ce remède. »

Quant aux phénomènes réels, les uns
les expliquent par le fluide magnétique, et
les autres par le fluide nerveux, autre supposition aussi gratuite que l'autre. On est
fâché de voir les noms de Cuvier et de La
Place mêlés à cette affaire.

Les médecins qui reconnaissent la puissance psychologique, physiologique et thérapeutique du magnétisme, estiment qu'elle
se déploie sur l'organe cérébro-nerveux.
« Pour nier cette influence il faudrait mé-
connaître celle que le cerveau exerce sur tout
l'organisme; il faudrait ignorer que dans
l'homme tout vit par le cerveau et pour le
cerveau.... Nous avons traité de l'influence
de cet organe sur les viscères de la vie
organique, et réciproquement de l'influence

de ces viscères sur le cerveau ;.... nous avons fortement appuyé pour faire comprendre que cette influence ne reconnaissait pas d'autre cause que l'influence cérébrale.... Comment les effets du magnétisme, si singuliers, si profonds, si énergiques sur le cerveau, seraient-ils sans action sur l'économie animale ? Cela n'est pas possible par le raisonnement, et c'est plus incontestable encore par l'expérience *. »

Tous ces faits graves et tous ces débats relatifs aux magnétisme reproduits depuis vingt-cinq ans, nous conduisent irrésistiblement encore à la conclusion déduite des phénomènes attribuées à la magie ; c'est qu'il est impossible de supposer le magnétisme innocent ou chimérique.

On vient de voir le rôle puissant et lumineux que des médecins de mérite attribuent au cerveau dans la production des effets qui nous occupent. Avant d'aller plus

* Voyez *Dictionnaire de Médecine*, article de M. le professeur Rostan.

loin il convient de jeter un coup d'œil véri-
ficateur sur les clartés psychologiques ,
physiologiques et thérapeutiques que cet
organe est sensé répandre. Est-il vrai que
l'étude du cerveau permet à la science le
langage affirmatif dont j'ai rapporté l'ex-
trait ? Nous allons voir.

CHAPITRE V.

Le cerveau ne dit rien, n'apprend rien sur le Magnétisme.

Lorsque Gall vint à Paris étaler son système crânologique, dont le Nord s'était
moqué, il attira à lui une foule d'oisifs, de
curieux, de médiocrités, et même des hommes instruits qui penchent vers les nou-
veautés ingénieuses, hardies, revêtues des
formes pompeuses de la science.

Ce n'est pas qu'avant l'apparition de Gall
la médecine ne fût fixée à peu près comme
elle peut l'être sur le rôle merveilleux
du cerveau. Depuis Hippocrate jusqu'à
Morgagny, Haller, Barthez, Bichat et Ca-
banis, la science physiologique avait poussé
loin, trop loin, les conclusions légitimes de

5

l'anatomie, de la physiologie et de la patho-
logie.

Mais Gall présenta sous un nouveau
point de vue la structure et les fonctions
du cerveau ; et comme il favorisait involon-
tairement le matérialisme, Gall fut suivi,
goûté, applaudi même par des médecins
de réputation.

Depuis cinquante ans, les fonctions du
cerveau et des nerfs sont une source conti-
nuelle d'illusions et d'erreurs. Quand on
est engagé dans une route parsemée de faits
prismatiques, d'hypothèses et d'explications fondées sur l'intervention organique,
plus on la suit, et plus on s'égare. Portal,
Cuvier et Duméril sont forcés de convenir
« que le cerveau est tissu d'énigmes, que la
phrénologie et la physiologie sont souvent
réduites à des hypothèses ou au silence *. »

On ne comprend sûrement pas que la
matière ne rend raison de rien ! Je ne dissi-

* Voir leur beau rapport, *Revue encyclopédique*, Sep-
tembre 1828.

mulerai pas que le monde savant est abusé
au sujet du cerveau, dont l'intervention
mystérieuse, quoique certaine, est inintel-
ligible pour les anatomistes. Voilà pourquoi *Hippocrate, dépourvu des connais-*
sances anatomiques qui surabondent aujourd'hui, *savait, aussi bien que nous,*
l'usage de cet organe. La vie, la pensée,
le sentiment, le mouvement, il rapportait
tout aux fonctions du cerveau.

Sans doute, *il n'y a point de sot organe*
dans le chef-d'œuvre de la création; mais
le cerveau est en apparence le plus stu-
pide, le plus muet, le moins intelligible;
le cerveau est organiquement plus obs-
cur et moins explicable que la sèche,
poisson hideux, qui se dérobe avec tant
d'adresse à la poursuite de ses ennemis.

C'est une *masse compacte, lourde,*
inerte, qui n'éclaire pas plus nos yeux
que notre esprit sur les facultés sublimes
dont elle est l'instrument. Si le sentiment
que chacun éprouve et l'observation médi-

cale ne révélaient son importance, *le cerveau occuperait un rang inférieur dans la hiérarchie organique,* dont Hippocrate a donné une juste idée. *Confluxio una, conspiratio una est : omnia omnibus consentiunt, natura communis !*

. Le cerveau ne présente ni. la structure ni les moyens quelconques qui mènent à la production de l'intelligence, du jugement, de la mémoire. Il y a aussi loin et aussi peu de rapport entre l'instrument et l'objet, qu'entre le néant et l'univers. Les protubérances, les corps olivaires, les bandelettes demi-circulaires, et autres choses semblables, dit mon ami le professeur Fodéré, ne sauraient pas plus indiquer la raison des distinctions réelles entre les espèces animales, que les rubans n'indiquent le mérite réel de ceux qui les portent.

Toutes les fois que je contemple le cerveau et ses long bras formés de nerfs, je me rappelle la puissance créatrice, qui de rien fait les plus ravissans ouvrages, et qui emploie la matière, ce semble la moins propre, à de si admirables fins !

Presque tous les organes paraissent, plus ou moins, sensiblement construits, façonnés, appropriés à telle ou telle fonction du sentiment, du mouvement, des sécrétions, des excrétions, etc.; en sorte que la médecine peut voir ou entrevoir l'usage et l'objet de chaque partie. Mais comment trouver dans le cerveau le moyen des supériorités royales de l'homme? Comment s'élever de cette masse grossière jusqu'au rival du Créateur ?

Aussi ai-je éprouvé un étonnement inexprimable, quand j'ai vu les savans et les médecins accourir à l'ouverture de la tête de Cuvier, espérant découvrir dans son gros cerveau l'explication de son génie et de sa mort..! Les voilà réunis : ils mesurent, ils pèsent le cerveau, comme si la supériorité appartenait aux plus volumineux..! *

---

* Cette recherche servit à donner un démenti éclatant aux croyances anatomiques de Cuvier lui-même et au sys-

Il faut le répéter : quoique l'influence réciproque de l'esprit et du corps soit certaine, il n'est pas moins vrai que le cerveau sert gratuitement d'appui, de motif et de passeport à beaucoup d'artifices et d'illusions scientifiques. La raison du génie d'Archimède, de Newton, de Pascal, de Racine, ne s'y trouve pas plus que le poème de Télémaque! Même dans les choses qui sont le plus du ressort des sens, la cause formatrice est supérieure à la matière. Ainsi, l'urine sort des reins, comme le Rhône, le Rhin et le Danube jaillissent des flancs du mont Saint-Gothard. Eh bien! ces fleuves viennent de bien plus

tème fondé sur l'altération des cadavres. En effet, Cuvier fut pris de paralysie légère du bras droit et du pharynx, et conserva jusqu'à la mort le libre usage des facultés intellectuelles. Or, Cuvier et la science anatomique *expliquaient la perte de la motilité par la lésion des racines antérieures des nerfs spinaux, qui furent trouvées intactes. La nécropsie ne donna aucune explication de cette mort si rapide. — Ac si cum anima mortis occasio evolasset!* Comme si la vérité avait choisi le plus grand anatomiste pour confondre l'erreur dominante!

haut; ils découlent de la loi immatérielle, qui fait condenser l'eau des nuages! la montagne sert seulement de conducteur et de filtre.

Ce qui précède suffit à faire pressentir qu'on est également abusé par les lumières supposées, par les explications arbitraires que l'organe cérébro-nerveux fournit aux magnétiseurs. Il n'y a aucune sorte de rapport entre l'organe et les phénomènes appelés magnétiques; on ne voit absolument rien qui rende raison de l'extase, du somnambulisme, des phénomènes étonnans de la veille et du sommeil; rien, enfin, qui puisse servir à l'hypothèse.

Eh! sans doute, le cerveau a sa grande part à la production des effets magnétiques, comme à tous les actes vitaux. Cet organe n'est étranger à rien de ce qui intéresse le physique et le moral de l'homme. Ainsi, la vie, la santé, la maladie, comme la paix, la guerre, les sciences, les arts, les affaires domestiques; tout ce qui part de l'homme ou qui aboutit à l'homme, exerce le cerveau, suppose une action ou intervention de sa part. Les canons qui ont tué Turenne, Moreau, Lannes, comme l'arbre magnétique de Puisségur, le charlatanisme de Mesmer, la crédulité de Delon et de Foissac, supposent une action cérébrale, autant que les effets magnétiques dont on est ébloui.

Quant au rôle magnétique dont plusieurs médecins investissent le nerf grand sympathique, le système ganglionnaire, il est supposé. J'ajoute que les fonctions plus communes et plus sensibles de ce système sont même enveloppées d'obscurités et de mystères pour tous les physiologistes.

Il faut l'avouer, nous sommes incapables d'expliquer d'une manière satisfaisante le somnambulisme provoqué. Ne cherchez pas de rapports intelligibles entre les procédés ou grimaces magnétiques et les phénomènes des magnétisés : *La science n'en voit pas.*

Même ignorance relativement aux phénomènes étonnans, prodigieux, qui accompagnent fréquemment le somnambulisme
naturel, l'extase, la catalepsie naturelles.
Horstius, Muratory, Desessart, Savary,
Pétetin, Fodéré, etc., rapportent cent faits
merveilleux là-dessus. Des orateurs, des
poètes, des musiciens, des mathématiciens,
des ouvriers ont exécuté en dormant des
ouvrages, et même des ouvrages mieux
exécutés que dans l'état de veille. J'ai moi-
même connu vingt exemples analogues, et
qui pourraient paraître incroyables, si
dans le cours des siècles on n'en avait
souvent vu de pareils.

Dans les cas précités, dans ces étranges
maladies, on trouve comme l'image de deux
hommes en un seul, l'un extérieur, l'autre
intérieur, se manifestant en sens inverse, et
qu'il est impossible d'expliquer par le seul
intermédiaire des organes. L'homme intérieur, âme ou intelligence, peut donc pui-
ser en lui-même les matériaux de son

activité, indépendamment de toute relation avec le reste de l'univers.

En effet, dans le somnambulisme naturel, l'homme, ou le *moi* intérieur, veille, combine, commande, agit; tandis que l'homme extérieur, ou les sens, dorment profondément, et à tel point que si les sens sont réveillés par quelqu'un ou par quelque chose, le somnambulisme cesse aussitôt.

Ainsi le somnambule *exécute, sans le secours des sens extérieurs,* une longue série d'actes aussi parfaits que dans l'état de veille.

Les accès ou retours de somnambulisme naturel sont généralement provoqués par les phases lunaires et par certains météores. Les grimaces, les farces magnétiques qui provoquent le somnambulisme, pourraient donc être comparées à l'influence météorique dont je viens de parler. L'une et l'autre cause font réaliser et rendent manifestes les dispositions des individus, les phénomènes dont il est susceptible.

CHAPITRE VI.

Effets physiologiques, pathologiques et thérapeutiques attribués au Magnétisme par ses partisans.

————

On a déjà vu le mesmérisme en action; on a vu les effets vrais et supposés, bons et mauvais du magnétisme; mais dans les causes graves, dit Pline le Jeune, *un seul coup ne suffit pas; il faut redoubler.*

Quand les médecins ont voulu soutenir et propager le magnétisme, ils ont prétexté l'utilité médicatrice dont il est capable et l'analogie naturelle de ses effets extraordinaires, avec les phénomènes surprenans de plusieurs maladies honteuses, cruelles, déplorables, comme la manie, l'hystérie, l'hypochondrie, l'épilepsie, l'extase, etc.

Je ne puis assez m'étonner que, pour

faire prévaloir des curiosités morbides, *les médecins se vantent de produire et d'inoculer les plus affreuses infirmités!* Quoi, vous avez un moyen, une recette pour dégrader la nature humaine, pour exalter, pervertir, suspendre la sensibilité, et engendrer des maladies effroyables!

Le beau sujet de triomphe, en vérité, pour la médecine, pour la raison et pour l'humanité, que le spectacle des victimes d'un tel pouvoir! Comment concilier les prétentions et les faits de ce genre, soit avec le serment d'Hippocrate, l'esprit et l'objet de l'art salutaire, soit avec les magnifiques prétentions du dix-neuvième siècle? Dans son *Histoire des progrès récens de l'art,* un professeur de la Faculté de Paris vante *la direction du siècle tout entier tourné au positif et à l'utile... L'esprit humain ne veut plus reconnaître d'autres guides que des sens droits, joints à une raison exercée....!* J'accepte ces règles et ces arbitres scientifiques. Les magistrats, les médecins, les prêtres et les pères de famille, décideront si l'homme, physiquement et moralement dénaturé, dégradé, au mépris des lois et des convictions de tous les siècles, peut être présenté comme un prodige de science et de sagesse !!! J'en appellerai aussi à l'autorité morale, loi vivante et parlante, selon l'expression de Daguessau, qui a sauvé la raison des peuples, amené les progrès successifs de l'esprit humain, facilité, excité les perfectionnemens de la civilisation et de la société !

Mais en traitant le sujet avec la liberté qui appartient à ma noble profession, je me plais à reconnaître que des personnes honnêtes croient au pouvoir innocent du magnétisme, et l'exercent innocemment. Il n'est pas d'erreur qui ne soit protégée par un honnête homme et par d'excellentes intentions.

Avant d'entrer en matière, il importe d'observer que le magnétisme animal, d'ailleurs borné à des trempes tristement privilégiées, est impraticable dans l'enfance et la vieillesse. A cet âge, les nerfs et l'imagination *ne se prêtent pas aux scènes magnétiques;* en sorte que le fluide supposé naturel et puissant, se montre et se conduit tout autrement que les fluides connus, auxquels on a le courage de le comparer. Il faut ajouter que les animaux sont également incapables de magnétisme, par où l'on voit que le prétendu fluide est étranger à l'organisation animale.

Exposons les idées et les faits publiés par les médecins-magnétiseurs.

Le magnétisme, disent-ils, exerce une grande influence, et même un pouvoir prodigieux sur le cerveau et les nerfs, sur le sentiment, le mouvement; enfin, sur les organes sécrétoires et excrétoires; par où l'on voit que les prétentions du mesmérisme sont rajeunies et décorées au goût de notre époque.

Beaucoup de magnétisés acquièrent une intelligence et des lumières extraordinaires, et deviennent capables de prédire, deviner, et même de voir et d'entendre, sans le secours des sens. Nous avons déjà vu ce qu'il faut penser de ces assertions subversives de la raison et de la physique; nous avons réduit à leur valeur les talens spontanés et la science infuse des sujets donnés en preuve de l'absurde, de l'impossible.

Quant à l'utilité médicatrice du magnétisme, elle se déploie aujourd'hui, comme en 1786, dans les affections spasmodiques et nerveuses, dans les crampes, les convulsions, les névralgies, l'hystérie, la mélancolie, l'hypochondrie, la manie, l'épilepsie, la catalepsie.

Je me hâte de déclarer qu'à l'exception des affections *nerveuses et dépendantes de l'imagination*, le pouvoir du magnétisme est nul, et plutôt morbide que médicateur. Les maladies graves que je viens de nommer ne s'adoucissent et ne guérissent que par le secours des moyens nombreux et variés que la médecine indique, *et dont les magnétiseurs se sont toujours servis.*

La puissance curatrice de l'imagination et des émotions nerveuses est très-étendue, et elle s'exerce même dans des états morbides variés, qui paraissent étrangers à la névropathie. La douleur horrible des dents se calme à la vue du dentiste; les fièvres d'accès sont souvent guéries par des pilules de toile d'araignée. Monter sur un ours ou un chameau, porter une araignée sur le creux de l'estomac, sont autant de fébrifuges que j'ai vus réussir. L'araignée et sa toile sont employées avec succès dans deux cantons du voisinage par des propriétaires philanthropes.

L'épistaxis, les spasmes, le hocquet, cèdent facilement à des émotions, à des surprises.

Enfin, les émotions vives *ôtent la parole et le mouvement aux uns et les donnent à d'autres.* Les faits curieux que raconte Valère Maxime, de mutisme et de paralysie, dissipés par ces causes, ont été souvent observés.

Au reste, les savans, comme les igno-rans, sont abusés par les prétextes d'utilité dont on fait parade. La thérapeutique emploie, je le sais, mille expédiens pour soulager l'humanité, et personne n'est plus que moi persuadé que, dans certaines mala-dies, certaines infirmités, l'art peut recou-rir avantageusement à des moyens singu-liers, fantastiques. Le génie du médecin et le naturel des malades en déterminent le mérite et l'à-propos. Mais il y a loin de l'esprit noblement médical qui suggère ces expédiens, à la tendance inévitable du magnétisme.

Le spirituel panégyriste de Trajan fait cette remarque sage et profonde : « *Habet has vices conditio mortalium, ut adversa ex secundis, ex adversis secunda nascan-tur. Occultat utrorumque semina Deus, et plerumque bonorum malorumque causæ sub diversâ specie latent* ».

Il est donc facile d'expliquer les avantages individuels, particuliers, qui sortent
des choses mauvaises, et même des fléaux
et des calamités. Il n'a jamais existé d'erreur, de mensonge, de vice ou de crime,
ni même d'action coupable à laquelle l'utilité ne puisse servir de passeport. J'ai vu
Néron absous par *la raison d'état,* qu'allé-
guait froidement un grand fonctionnaire..!

Mais le bon sens n'est pas étouffé par
ces considérations ni par les sophismes.
Cicéron ne peut excuser l'attentat qui déli-
vrait Rome du détestable Clodius, et le
peuple d'Athènes préféra le parti juste au
parti utile qu'offrait Thémistocle !

Ces prétextes d'utilité en imposeront
d'autant moins, j'espère, aux hommes de
sens, qu'il s'agit précisément d'un art
exercé dans tous les siècles par des charlatans, des jongleurs, dans l'intérêt des
passions turbulentes, ambitieuses et autres
dont l'histoire rend témoignage.

D'ailleurs, le magnétisme n'a jamais pu

établir, prouver son utilité dans des cas
déterminés où la médecine ne sache com-
munément se passer de son intervention.
Puis, *cette utilité, niée par les médecins
du plus grand poids, depuis Hippocrate
jusqu'à Fodéré, est bornée, condition-
nelle, contestable, entourée de fruits
périlleux;* elle est, enfin, *susceptible de
petits avantages et de grands maux;
il est impossible d'y songer,* parce que :
1.º l'action magnétique est directement,
et par elle-même, attentatoire à la raison,
à la santé, à la dignité, à la volonté et à
la liberté des magnétisés ;

2.º Parce qu'elle procure inévitablement
aux magnétiseurs le moyen, l'occasion et
le prétexte de satisfaire leurs vues, leur
intérêt, leurs passions, sans excepter les
inclinations folles ou criminelles ;

3.º Parce que les effets magnétiques
peuvent dépasser gravement l'intention et
le but honnête du magnétiseur; accident
malheureux, dont une demoiselle, magné-

tisée par son propre père, a offert l'exemple.

Au reste, les magiciens aussi prétextaient l'utilité de leurs pratiques. Dès le commencement du quatrième siècle (an 321), Constantin se laissa aller à ces motifs spécieux, et, par son édit tant blâmé, il autorisa l'exercice de la magie en faveur de ses peuples idolâtres et superstitieux. « C'est avec justice, dit cet empereur, que les lois sont sévères contre les magiciens qui emploient leur art pour nuire aux hommes ou pour exciter les personnes chastes à l'impudicité ; mais il ne faut pas poursuivre ceux qui donnent des remèdes profitables, ou dont l'art ne cause aucun préjudice. »

Corneille Agrippa, savant médecin du seizième siècle, dont la prétendue sorcellerie est encore en réputation chez les peuples de nos contrées, distinguait pareillement deux sortes de magies, l'une naturelle et utile, et l'autre ténébreuse et détestable. C'est en ce sens qu'il tâche de corriger le sentiment de Pline. Vanhelmont et Paracelse, comme Mesmer et Puisségur, regardent ce moyen comme naturel, philosophique et médicateur.

Quelques médecins ont mis les avantages obtenus par le magnétisme, dans les souffrances de l'imagination, des nerfs et autres, sur la ligne des soulagemens et des guérisons dont les pratiques pieuses sont la source; mais il n'y a pas moyen de comparer des événemens aussi disparates dans leur principe, leur cours et leurs suites, par rapport à l'individu, à la famille et à la société. La religion suffit noblement à la raison et à l'infirmité de l'homme tourmenté par les maux inaccessibles à nos moyens. « Le principe moral, dit le célèbre médecin du roi de Prusse, est ce qu'il y a de meilleur en l'homme; ce qui, à proprement parler, le fait homme, l'essence de son essence; ce à quoi, par conséquent, sa pensée et ses actions raisonnables peuvent encore se rattacher, alors même que tout le reste manque. » (Huffland. *Testam. méd. Enchiridion méd.*)

Regardons un instant le grand Boerhave, attaqué d'une hydropisie incurable.

.......*Ætas, labor, corporisque opima pinguitudo effecerant antè annum, ut inertibus refertum grave, hebes, plenitudine turgens corpus, anhelum ad motus minimos cum sensu suffocationis, pulsu mirifice anomalo, ineptum evaderet ad ullum motum. Urgebat præcipuè subsistens prorsùs et intercepta respiratio ad prima somni initia ; undè somnus prorsùs prohibebatur cum formidabili strangulationis molestia. Hinc hydrops pedum, crurum, femorum..... Animus vero rebus agendis impar. Cum his luctor fessus, nec emergo : patienter expectans Dei jussa, quibus resigno data, quæ sola amo et honoro unice.* Voilà ce qu'il écrivait à un ami quelques jours avant d'expirer.

Après avoir rapporté textuellement les prétentions magnétiques, et réduit à sa valeur intrinsèque l'utilité qui est attribuée aux moyens de ce genre, il est indispensable de consigner également ici l'aveu et les déclarations publiques qui constatent l'influence pernicieuse et les effets funestes, enfin, les inconvéniens du magnétisme. Je ne veux citer que les médecins qui le défendent, l'exercent et l'enseignent.

Ils conviennent *que des charlatans, des jongleurs, des fripons, peuvent en abuser de la manière la plus grave. L'influence des sexes est très-puissante dans ces opérations. La somnambule contracte envers son magnétiseur un attachement sans bornes ; elle le suivrait partout, comme un chien suit son maître.*

« *On peut ravir des secrets importans, abuser de l'influence* du sexe, provoquer des passions, s'attacher irrésistiblement les magnétisés. Cette influence est telle, que la personne magnétisée est dans la dépendance absolue du magnétiseur, et n'a, en général, d'autre volonté que la sienne. Celui-ci peut, quand il lui plaît, lui ôter la faculté de parler et d'agir. Le professeur Rostan ajoute que le magnétisme compromet au plus haut degré l'honneur et la sécurité des familles, et qu'il doit être signalé aux gouvernemens. »

A l'égard de la santé, « le magnétisme expose à la céphalalgie, à des paralysies passagères, à des spasmes et des névralgies douloureuses, à une fatigue excessive, à la maigreur extrême, à la suffocation, à l'asphyxie, à la mélancolie, aux aliénations mentales..... et la mort même peut en être le résultat * ».

Les autres médecins partisans du magnétisme font les mêmes aveux, les mêmes déclarations. Dans le cours public que

* Voir l'article *Magnétisme*, dans le Dict. par M. Rostan, professeur à la Faculté de Médecine de Paris.

faisait à Paris le docteur Dupotet, il convint de tous les périls qui peuvent aisément suivre les magnétisations; par exemple, des convulsions horribles , la démence, la paralysie , l'asphyxie. On a vu des scènes à ce point déchirantes, que des médecins et des députés magnétiseurs perdaient presque la tête à la vue de leur ouvrage..! (*Lancette française*, n. 59.)

Ce professeur de magnétisme convient également des influences et des effets qui soulèvent les sens, qui compromettent les mœurs, qui exposent à toute sorte de suites dangereuses ou funestes; il a rapporté en détail les preuves, j'ose dire dégoûtantes et effroyables, de ces dangers. Le rédacteur de ce journal de médecine, homme d'esprit, de savoir et de critique, en voyant toutes ces choses témoignées *par des médecins, des pairs, etc., observe que les pères, les maris, les frères, etc., doivent d'autant plus se tenir sur leurs gardes, que les magnétiseurs recher-*

chent principalement les filles et les jeunes dames *.

Tout ce qui précède revient donc à dire que le magnétisme *provoque précisément* chez les personnes saines *les maladies qu'il ne sait pas guérir chez ceux qui en sont naturellement attaqués. Voilà une fort étrange recommandation thérapeutique!* Les lois sévères de Moïse, d'Auguste et des princes chrétiens, ne seraient-elles pas justifiées par l'énormité des attentats que la magie et le magnétisme traînent à leur suite? Les nouvelles législations politiques et criminelles que j'ai vu régner depuis cinquante ans avaient-elles des motifs plus graves, plus justes, plus impérieux?

Il importe extrêmement aussi de révéler une *source d'erreur et d'illusion,* contre laquelle *les magnétiseurs ne sauraient être trop en garde.*

Beaucoup *de magnétisés sont enclins*

---

* Voir la *Lancette,* tome I, n. 59.

à tromper leur propre magnétiseur.
M. Georget, qui s'est tant occupé du système nerveux et du magnétisme, fut *indi-
gnement abusé par une fille dressée aux
manéges magnétiques.*

Je dois également déclarer que certaines
personnes, et même des enfans de l'un et
l'autre sexe, se plaisent à jouer des rôles
extraordinaires et visent à ce genre de
célébrité. J'en ai connu et soigné qui
étaient étonnamment malins et rusés, qui
supportaient les privations et les épreuves gênantes ou douloureuses, pour par-
venir à de si étranges fins. L'extravagance
et la bizarrerie de la nature humaine vont
plus loin qu'on ne croit..... Combien de parens, de maîtres et de médecins, sont abusés, trompés, en pareil cas! Les uns simu-
lent les attaques de nerfs, le délire, le
somnambulisme; d'autres se mêlent de
prédictions; ils voient, courent, et font
vingt choses surprenantes, ayant les yeux
fermés ou couverts d'un bandeau.

Un garçon de onze ans rendait souvent, disait-il, des calculs urinaires, que je reconnus *pour des graviers fluviatiles*. Mais les parens, témoins de leur éjection, qui les avaient entendus tomber dans le vase de nuit, d'où ils les tiraient pour me les montrer, s'en rapportaient au rusé coquin plutôt qu'à moi. Il fallut appeler une consultation. Cet enfant, poussé à bout par la menace du cathétérisme, raconta sa tromperie.

Mon célèbre ami l'inspecteur-général Percy, m'a raconté un trait analogue, qui fit grand bruit à Paris il y a trente ans. Une femme, d'ailleurs honnête et dans l'aisance, se mit en tête de faire croire qu'elle rendait de l'urine par l'ombilic..... Pendant un mois, les célébrités médicales et chimiques de Paris furent mystifiées.

CHAPITRE VII.

**L'homme est naturellement ou accidentellement susceptible
de phénomènes étonnans.**

———

Il est généralement connu que dans les
maladies nerveuses et les vésanies, et surtout dans l'extase, la catalepsie et le somnambulisme, l'homme devient capable de
phénomènes extraordinaires, étonnans,
prodigieux, et dont la médecine ne peut
rendre raison. Ces faits sont très-connus,
et tous les praticiens ont été témoins des
phénomènes soit physiques, soit moraux,
que les pathologistes racontent. Nous con-
naissons même quelques-unes des causes
productrices de ces maladies singulières;
nous savons, par exemple, que les émotions
et les passions violentes, les études excessi-

ves, la forte contention de l'esprit, peuvent rendre l'homme insensible, anéantir, en quelque sorte, la vigilance, les facultés ou le service des sens. Carneade, Viete, Lacaille, Archimède et tant d'autres, en ont offert la preuve.

Quant aux aberrations mentales, à la perversion des sens, on en trouve des exemples extraordinaires, parmi lesquels Milton, Lamettrie et Lalande occupent une place. Il faut lire Zimmermann, Pinel et Esquirol sur cet ordre de maladies.

Le somnambulisme est la maladie la plus féconde en phénomènes prodigieux. Quoiqu'ils ne voient et n'entendent rien, ces malades font et exécutent toutes les fonctions auxquelles ils sont accoutumés pendant la veille; ils sortent de leur lit, s'habillent, se procurent de la lumière, ouvrent les portes, travaillent, vont et viennent, se promènent, déclament des pièces de théâtre, montent à cheval, s'exposent à divers dangers, et les évitent comme s'ils étaient éveillés. Or, les magnétiseurs provoquent un état analogue.

Pour entendre et apprécier les phénomènes magnétiques, il faut donc, avant tout, connaître les facultés ordinaires et extraordinaires de l'homme, telles que l'histoire, la médecine et l'expérience du monde le montrent à tous les regards attentifs. Très-peu de personnes sont capables d'une étude aussi vaste et difficile, qui exige d'ailleurs une maturité de jugement supérieure aux influences du préjugé, des opinions et des intérêts. Voilà pourquoi le témoignage des médecins me paraît ici du plus grand poids.

Je rappellerai, en passant, le pouvoir stupéfiant, fascinateur, attracteur, que certains animaux exercent sur d'autres, et l'influence prestigieuse dont la perversité humaine s'est souvent montrée capable, de manière à simuler le trait fabuleux de Méduse. Le fameux Vidocq la possédait et l'exerçait au profit de la société. Il énervait, attérait, médusait les plus terribles scélérats.

L'influence du physique sur le moral,
celle du moral sur le physique, et, enfin,
l'influence des hommes les uns sur les
autres, est très-connue. La puissance contagieuse des exemples, des actions, des
émotions et des passions ne l'est pas moins.
Enfin, la fécondité prodigieuse, soit des
sympathies, soit de l'imagination, est établie dans les livres de médecine, et chacun
sait que la science ne se rend pas plus
raison de l'une que des autres.

L'ascendant presque fascinateur de certains personnages est connu. Philippe
médusa son redoutable ennemi, Démosthène; et le prince Potemkin hébétait
Souwarof. Napoléon troublait l'esprit et
les sens et paralysait la langue de quelqnes
personnes; et je connais un maréchal de
France qui perdit la voix et la parole au dé-
but d'une harangue qu'il devait prononcer.

On ne connaît pas assez le pouvoir fascinateur des trempes fortes, audacieuses,
rusées, voulantes ou flexibles, selon l'occa-

sion, et toujours fécondes en moyens, en expédiens, dont le fameux Vidocq est un exemple frappant. *Les hommes d'action,* comme Napoléon les appelait, dominent, subjuguent, éblouissent, par un entraînement dont la froide raison même ne peut se défendre. Cet ascendant, Napoléon le possédait, et l'exerçait avec un art infini, non-seulement sur les soldats et sur les peuples, mais encore sur les plus puissans et les plus illustres personnages qui, par leurs lumières, leur éducation, leurs habitudes et leur rang, étaient moins prenables à cet égard. Le mot de *La Galigay* est donc très-profond. Mais quelle honte et quel malheur pour l'humanité, si les personnes honnêtes, simples, crédules ; si les familles et les masses étaient abandonnées aux entreprises magnétiques et aux passions munies de ce passeport !

Faut-il rappeler le pouvoir comme électrique des tribuns séditieux d'Athènes et de Rome,

7

Celui qui parle en public, dit Cicéron dans le *Traité des lois, anime son audi- toire ; il est presque le maître de faire prendre aux visages l'air qu'il lui con- vient de donner.* — « *Non modo mentem ad voluntates sed pene vultus eorum apud quos agit.* » Voilà pourquoi ce grand homme veut, 1.° que chaque sénateur parle à sa place, avec mesure et précision ; 2.° que, devant le sénat et le peuple, les orateurs parlent avec mesure et modération, pour ne pas allumer les esprits inquiets.

La puissance de l'orateur et la tendance sympathique qu'éprouve son auditoire sont exprimées par ce précepte si connu :

Si vis me flere.....

Enfin, l'ascendant presque irrésistible des jeux scéniques a toujours été reconnu ; il suffit de le rappeler, pour faire sentir de combien de manières l'homme peut trans- mettre à l'homme les sentimens qu'il veut communiquer.

On sait depuis long-temps à quel point l'homme est impressionnable, et de combien de manières l'affection des sens, l'ébranlement des nerfs et de l'imagination, se propagent sympathiquement. La toux, le bâillement, l'ennui, la tristesse, la crainte, la peur, la colère, les émotions, les passions, se gagnent *par contagion*, et sans aucune sorte de procédé magnétique.

« *Dum spectant læsos oculi læduntur et ipsi.* »
(OVIDE.)

La puissance attractive exercée par quelques magnétiseurs sur des esprits faibles et passionnés n'a-t-elle point ses analogies ingénieusement représentées dans l'allégorie d'Ulysse attaché au mât de son vaisseau, pour résister à la séduction des sirènes ?

Tous les égaremens de l'humanité sont sympathiquement communicables, et même les attaques de nerfs, d'épilepsie, de danse de Saint-Guy, de somnambulisme, de catalepsie, d'aliénation.

L'hydrophobie, soit curable, soit mortelle, a été souvent le simple résultat de l'égarement de l'imagination. Sauvages, Portal et bien d'autres, en citent des cas lamentablement décisifs. Combien de cures anti-rabifiques sont dues aux expédiens moraux ?

Pour fonder l'histoire naturelle, Pline, par exemple, a ramassé sur les causes hydrophobiques et sur leurs antidotes, comme sur tant d'autres maladies et tant d'autres remèdes, une multitude de faits aussi prodigieux que ceux dont le magnétisme fait gloire. Le foie de loup a produit, *pour et contre*, cent merveilles qui feraient pâlir celles de Mesmer et de Puisségur !

Je sauvai un jeune homme abandonné des médecins et qui avait plusieurs fois reçu les secours de la religion. Eh bien ! *il était pris de hocquet et de convulsions diaphlagmatiques, chaque fois que je le regardais et qu'il voulait me parler.* J'ai suspendu des affections nerveuses, arrêté des hémorrhagies et dissipé l'incontinence naturelle des urines chez les enfans, en agissant sur l'imagination. A l'exemple de Boerhave, j'ai prévenu, par des expédiens analogues, la propagation des maladies convulsives, par exemple, les accès de danse de Saint-Guy et de somnambulisme, et guéri de même quelques enfans qui en étaient déjà atteints. Les fastes de la médecine offrent toutes sortes de phénomènes semblables.

Dans le treizième siècle, un religieux est attaqué de catoché pendant qu'il disait la messe; il reste immobile dans une posture bizarre. Un second religieux se présente pour continuer la messe, au milieu de l'effroi des assistans, et le voilà pris du même mal, et comme attaché, cloué dans l'état et la situation extraordinaire de l'autre! Dieu sait où serait allée l'imagination épouvantée des toulousains, si Natalis, médecin plein de sens, n'avait expliqué médicalement le prodige!

L'impulsion contagieuse et indéfinissable de la terreur panique sur les individus, sur les peuples, sur les armées, est connue. La vue des aliénés, de certains insectes, d'un précipice; la présence de certaines personnes ; enfin, l'impression entraînante et tumultueuse de différentes circonstances sur les esprits et les tempéramens disposés, sont cités dans nos livres. Je n'ai pas besoin d'insister.

Oui, le vice, la folie et le crime, ont quelque chose de contagieux, de suborneur, et par là on peut pressentir les graves conséquences du magnétisme sur les trempes susceptibles. De même que, par l'empire de la religion, des lois sociales et des exemples, on humanise, on discipline les trempes rebelles, ingrates, indomptables; de même aussi, par les influences contraires, on rend indociles, extravagantes, cruelles, les personnes bonnes et raisonnables.

Pour tout dire en peu de mots, l'homme est susceptible d'états singuliers, bizarres,

extraordinaires, et parfois même inconce-
·vables. On le voit parfois offrir dans le
sommeil les traits de la veille, et ceux du
sommeil pendant qu'il est éveillé. Au
milieu de la santé, il passera brusquement
à la plus étrange situation morbide, et
pendant ses maladies, malgré la fièvre et
le délire, il dira et fera des choses qui sem-
blent exiger la plénitude de la santé! Je me
souviens que, dans les guerres de la révo-
lution française, je vis utiliser certaines
rêveries du maréchal de Saxe *.

---

* J'observerai à cette occasion que l'on accorde beaucoup trop d'importance aux phénomènes extraordinaires
et aux faits rares que la nature humaine, organisée d'une
façon inconnue, est susceptible d'offrir. Rien de plus incon-
cevable, entr'autres, que les exemples de mort apparente
rapportés par Cheyne, Haller, Rigaudaux, Pecklin, Heister,
Morgagny, Desgranges de Lyon, etc. On a vu bien des
personnes qui semblaient défier les causes le plus sûrement
mortifères, comme François de Civille, blessé à mort au
siége de Rouen. Que dire aussi de l'histoire authentique
et minutieusement racontée, du colonel *Townshend*, qui
mourait à volonté, du moins en apparence, et ressuscitait,
au grand étonnement des témoins graves et instruits dont
il s'entourait ?

Là-dessus les législateurs, les publicistes, les idéologues, peuvent prendre leur parti; les plus merveilleuses inventions de la mécanique et de la chimie ne changeront rien à ce cours de la nature humaine. *Il n'y a plus qu'à tourner à bien ces dispositions; tout est là pour la raison, pour la médecine et pour la société !*

Darwin parle d'un politique d'Italie qui pouvait fixer si fortement son esprit à un objet, qu'il devenait insensible aux coups. (*Dell'Estasi.*)

Les phénomènes rares de ce genre sont curieux, instructifs, et méritent d'être conservés; mais jamais bon esprit n'y trouvera le fondement d'inductions contraires à la saine philosophie, ni le motif d'un système médical.

CHAPITRE VIII.

Causes naturelles et explication des phénomènes magnétiques.

———

Depuis plus de deux mille ans, les phénomènes extraordinaires de certaines maladies et les effets utiles ou nuisibles, inno-
cens ou criminels, et souvent étonnans,
attribués successivement à la magie, à
l'astrologie, au magnétisme, ont été l'objet
de l'interprétation des législateurs, des
médecins, des philosophes et des magistrats.

C'était pour les uns le produit d'un art
satanique; d'autres, sans nier la part que
le charlatanisme, la perversité, les passions
et les crimes ont toujours eue aux pratiques de cette espèce, ont pensé, affirmé

qu'il existe un art particulier et fondé sur la connaissance de certaines facultés naturelles ; art étranger au principe du mal que Zoroastre, les juifs, les chrétiens, etc., accusent de ces phénomènes prodigieux.

D'autres, enfin, depuis Hippocrate jusqu'à ce jour, ont attribué à l'ignorance, à la superstition, à la crédulité, à l'imagination faible, malade, bizarre et vagabonde des hommes, les faits surprenans, merveilleux en apparence, dont l'histoire de la magie, de l'astrologie, du magnétisme, est tissue.

Nous voilà en présence de ces opinions ; il faut choisir et fixer la faible raison de l'homme d'après les règles de la physique, de la médecine et de la logique.

Est-il possible que des rêveries, des illusions de l'esprit mélancolique, attirent pendant tant de siècles l'animadversion des hommes de sens, et résistent à toutes les révolutions; révolutions qui ont changé, renversé les religions, les gouvernemens, les institutions et les mœurs des peuples de l'Europe? Voyons :

Aujourd'hui, et depuis soixante ans, le magnétisme est publiquement exercé, et même enseigné dans des cours *ad hoc*. Les magnétiseurs délarent, affirment qu'ils *n'entendent mettre en œuvre qu'un agent et des moyens naturels, des propriétés et des facultés inhérentes à la naturelle complexion de certaines personnes*. Enfin, du temps de Mesmer comme aujourd'hui, l'intention, la bonne foi, et même l'ortho- doxie de divers magnétiseurs étaient à l'abri du soupçon. On a vu que leurs épreuves sont faites publiquement; circonstance qu'il convient de remarquer, *quoique le grand jour et les témoins impassibles aient toujours desservi leur cause et com- promis gravement leur réputation.*

Placés sur ce terrain de la physique et de la médecine, notre tâche sera simplifiée, et nous pourrons porter la lumière au milieu des ténèbres et des témoins ébahis de prodiges qui rappellent ceux de la fantasmagorie et du kaléidoscope.

Je ne m'attacherai pas à montrer l'enchaînement et les rapports qui paraissent exister entre le prétendu fluide magnétiques et les qualités occultes si fatales aux progrès des sciences, entre les prétentions des astrologues et des alchimistes et celles des mesméristes. Ceux-ci d'ailleurs ne sont pas d'accord avec les magnétiseurs d'aujourd'hui, en sorte que, du côté de la doctrine, des moyens et du but, nous sommes déjà loin de Mesmer et de ses baquets.

Mais ai-je besoin de demander à la science du dix-neuvième siècle s'il est permis d'admettre l'existence *d'un fluide qui n'a jamais été prouvé*, et qui est absolument dépourvu de vraisemblance? C'est une supposition gratuite, et qui ressemble aux rêves des hypochondriaques.

Ai-je besoin de demander s'il est possible de croire, *à priori*, qu'il y a un fluide magnétique producteur de prodiges qui surpasseraient en réalité les fictions et les merveilles de la fable? J'aimerai autant demander s'il faut prendre au sérieux les métamorphoses d'Ovide, et placer parmi les phénomènes avérés de l'histoire naturelle les prodiges enchanteurs dont Virgile pare ses *Géorgiques*. De pareilles assertions, qui choquent au dernier point la raison et la science, exigeraient des preuves multipliées, manifestes, irrécusables, et il n'y en a pas.

Afin de s'aider de l'analogie, quelques médecins ont eu le courage de la chercher entre les choses les plus disparates; ils ont cité les faits surprenans du galvanisme, de l'électricité, de la catalepsie, du somnambulisme naturel, comme *si des faits prouvés, reconnus et nullement contestés, pouvaient servir à accréditer une cause et des effets qu'il a été impossible d'établir, de prouver, de faire recevoir.*

Là où mes longues études et ma longue expérience voient seulement les effets de l'imagination, des sympathies, de la faiblesse, les magnétiseurs supposent un fluide qui, passant du magnétiseur au magnétisé, produit tous les phénomènes dont je m'occupe.

Plusieurs médecins, frappés de l'impossibilité de soutenir le fluide de Mesmer, se sont jetés du côté du fluide nerveux imaginé par certains physiologistes du dix-huitième siècle, pour expliquer les phénomènes de l'organisation. Mais ce fluide nerveux, qui permettait de réaliser la fable de Jupiter et de Mercure, n'a jamais été prouvé; il n'a pu obtenir non plus l'honneur de la vraisemblance.

Veut-on supposer une émission de vo-volonté, d'émotion, de passion, comme on a supposé une sécrétion de pensées? Impossible à la raison, à la science, au bon sens, d'entrer dans cet ordre de rêveries.

Il faut donc chercher une autre explication conforme aux données de l'histoire et de la médecine.

L'influence, je dirai presque magnétique, des infirmités physiques et morales, de l'aberration des sens, et, enfin, des émotions et des passions, est suffisamment établie par tout ce qui précède. L'exaltation et la dépression de la sensibilité, les erreurs du jugement, les égaremens de l'imagination, produisent des phénomènes qui souvent étonnent, déconcertent la raison et la médecine.

On sait aussi que les personnes nerveuses, convulsives, vaporeuses, hystériques, mélancoliques, hypochondriaques, cataleptiques, somnambules; enfin, les femmes mal réglées et les familles entâchées d'aliénation, présentent naturellement divers phénomènes bizarres, extraordinaires, et absolument analogues à ceux des sujets magnétisés.

J'ai vu tout cela, et même des dormeurs qui rappelaient Epiménide; des épileptiques qui ne sentaient pas les coups, les chutes, ni les épreuves douloureuses du recrutement; des blessés par armes à feu qui étaient insensibles à l'amputation d'un membre. Enfin, les médecins érudits et expérimentés connaissent les faits semblables, dont il est inutile de faire un plus long étalage.

Tel est le phénomène que Palladius rapporte, d'après le témoignage d'Ammonius et d'Evagre, d'un solitaire, appelé Etienne, attaqué d'un ulcère phagédénique. Ce vieillard, très-enjoué, tressait des cordes avec des feuilles de palmier, et s'entretenait même avec eux pendant l'amputation qui lui était faite. Il paraissait aussi insensible que si on lui eût coupé les cheveux.

Cette insensibilité peut aussi tenir à la nature de certaines maladies. Un individu âgé de soixante ans, très-enjoué et bon vivant, jouait de la flûte au moment où j'entrai dans sa chambre pour détacher quelques orteils pris de gangrêne spontanée, et que je séparai sans le faire souffrir.

Les phénomènes extraordinaires du magnétisme rentrent dans la classe de ceux que les facultés naturelles ou acquises, soit des nerfs, soit de l'imagination, provoquent fréquemment. L'insensibilité des magnétisés n'a-t-elle pas son équivalent dans l'insensibilité des sauvages torturés, des épileptiques, des maniaques, des convulsionnaires, des trembleurs, etc., dont nous avons rapporté l'exemple ?

Les faits physiologiques et pathologiques rapportés nous conduisent donc à conclure que les facultés physiques et morales de l'homme donnent une intelligence suffisante des phénomènes attribués au fluide magnétique.

Cette conclusion est rigoureusement déduite de tous les faits estimés selon ces deux axiomes de Newton : 1.° *Causas rerum naturalium non plures admitti debere quamque et veræ sint, et earum phænomenis explicandis sufficiant.*

2.° *Ideoque effectuum naturalium ejusdem generis eædem assignandæ sunt causæ quatenus fieri potest.*

L'existence du fluide magnétique est aussi gratuite que celle de l'archée et du fluide nerveux, imaginés pour expliquer ce que nous ne comprenons pas. Enfin, les faits extraordinaires et comme surnaturels dont on fait honneur au magnétisme, n'ont jamais paru au grand jour, ni été prouvés par des témoins dignes de foi; ils sont empreints et entachés de clandestinité, de commérages, d'intrigues, de charlatanisme ou d'imposture; circonstances dont la raison, la physique et la médecine ne s'accommoderont jamais.

Les phénomènes que la secte des médecins homœopathes se vante de produire, et qui font tant de bruit en Allemagne, ne sont pas moins extraordinaires. Ces médecins se fatiguent moins et se mettent moins en frais que leurs rivaux du magnétisme. Ici point de passes, de gestes, ni de passions ardentes : avec une patte de mouche ils provoquent cent révolutions dans les corps malades et opèrent autant de cures.

Hanneman, chef de cette secte teutone, est aussi prodigieux que Mesmer.

A l'égard des émotions, des passions, des affections vives de l'âme, les pages de l'histoire et de la médecine sont remplies de faits extraordinaires, qui jettent le plus grand jour sur ceux que le magnétisme attribue à son prétendu agent fascinateur.

CHAPITRE IX.

Continuation des causes et de l'explication des phénomènes magnétiques.

———

Il importe extrêmement d'observer qu'aujourd'hui les magnétiseurs répudient l'héritage systématique, les opinions et les procédés de Mesmer. Les mêmes choses qui excitaient l'enthousiasme et l'admiration à la fin du dix-huitième siècle sont qualifiées maintenant de chimères, d'extravagances, d'absurdités, de charlatanisme. Nos magnétiseurs ne tiennent bon que *sur le somnambulisme artificiel.* De là nous devons tirer une excellente leçon, c'est que les phénomènes et les prodiges mesmériques attestés par tant d'acteurs et de témoins, *étaient le fruit de l'imagination*. Ne perdons jamais de vue l'influence de *cet agent*, soutenu par les commérages, les jongleries et les impostures qui suivaient Mesmer.

Entrons en matière.

Il y a plus de deux mille ans que les phénomènes prétendus magnétiques ont fixé l'attention d'Hippocrate, à cela près que ceux du somnambulisme artificiel étaient inconnus. Ce grand homme, doué d'une raison supérieure, d'un si rare génie observateur, attaqua l'origine mythologique des faits attribués à la magie, à la sorcellerie, croyances dont le paganisme grec était imbu, et il s'éleva avec indignation contre ceux qui attribuaient à la divinité les maladies bizarres, les phénomènes extraordinaires. Les aberrations de l'intelligence, du sentiment, du mouvement ; enfin, les infirmités honteuses et les souillures de l'homme, *ne peuvent*, dit-il, *venir de Dieu, qui est la pureté même. Dieu efface les souillures ; il ne souille pas. Les charla-*

*tans, les imposteurs, couverts du man-
teau de la magie, abusent de l'ignorance,
de la crédulité, de la faible imagination
des hommes* *.

Hippocrate explique donc naturellement
les phénomènes bizarres, surprenans,
extraordinaires, que présentent les hystériques, les hypochondriaques, les somnambules, les épileptiques; ils dépendent du
cerveau. A son avis, « l'intelligence, le jugement, la joie, le chagrin, la peur, la
sagesse, la folie, les illusions, les songes;
enfin, l'être physique et moral de l'homme,
sont sous l'influence de cet organe sou-
verain. Ses altérations et ses dérange-
mens causent toutes sortes d'illusions et de
souffrances sans cause extérieure ».

Lorsque la faible imagination des hommes se dévoile manifestement à nous dans
tant de circonstances étrangères au magné-

---

* Tout lecteur judicieux doit savoir qu'Hippocrate et
Pline ne pouvaient parler de la magie dans le sens de
Moïse et de Bossuet, dont ils n'avaient point connaissance.

tisme, comment des médecins ont-ils le
courage de faire intervenir un fluide que
rien, absolument rien, n'annonce?

Le monde, que ma longue carrière médicale m'a permis de voir et d'observer de
près, renferme beaucoup de gens disposés
à croire autre chose que ce qui est vrai,
sensé, raisonnable. Ces gens-là sont la
proie de l'erreur et du charlatanisme, si
un parent, un ami ne les préserve. Ils pas-
sèrent sous le joug de Mesmer, et par eux
la contagion envahit même les personnes
les plus sensées.

Les faits et les exemples qui servent de
texte à l'explication d'Hippocrate méritent
d'autant plus notre attention, que les mêmes tempéramens, les mêmes infirmités,
sont accessibles et favorables aux illusions
et à la crédulité dont le magnétisme a
besoin.

Aujourd'hui, comme du temps de Mesmer, de Pline et d'Hippocrate, les tempéramens degénérés, dépravés, maladifs,

sont la proie des charlatans, des jongleurs, et, en un mot, des gens que
l'audace, la ruse, les passions et la folie
rendent redoutables. Tel est le vrai sens
de la fameuse réponse de la maréchale
d'Ancre, accusée d'avoir ensorcelé la reine : *J'ai seulement employé l'ascendant
qu'ont les esprits supérieurs sur les
esprits faibles!* Pline dit aussi : « *Proinde
ita persuasum sit, intestabilem, irritam,
inanem esse, habentem tamen quasdam
veritatis umbras ; sed in his veneficas
artes pollere non magicas* ». L'air de vérité, les apparences d'un art, les effets per-
nicieux, quoique étrangers à la magie proprement dite; voilà, en peu de mots, ce qu'a
toujours été le magnétisme.

Les sensations bizarres, extraordinaires,
que les chaînes, les cordes et les grimaces
magnétiques ont fait éprouver à mille personnes, ressemblent, trait pour trait, aux
sensations et aux phénomènes physiologiques que la secte médicale d'Hanneman

s'attribue. Ces homœopathes, plus gravement merveilleux que les magnétiseurs,
ont excité en Allemagne une confiance
aveugle, et poussée jusqu'à l'enthousiasme.
Ils se vantent de provoquer les plus grands
changemens dans le corps humain, par le
moyen de doses infiniment petites et d'ato-
mes de remèdes. Les malades en grand
nombre qui ont été soumis à l'épreuve res-
sentaient des sensations et des effets considérables, qui feraient honte à ceux de
Mesmer et de Puisségur; mille guérisons
ravissantes ont été citées à l'appui. Vienne,
Lyon, Bordeaux, Bruxelles, Paris, ont vu
les prodiges thérapeutiques effectués dans
les maladies les plus graves, les plus rebelles à la puissance de la médecine. Mais les
homœopathes ont reçu le même affront
que les mesméristes; c'est qu'on a obtenu
*les prétendus effets homœopathiques,
sans rien donner du tout aux malades.*

Chez les Romains idolâtres, on l'a vu pré-
cédemment, les rêveurs, les visionnaires,

les initiés aux fantasmagories, forment comme la première édition des prodiges de Saint-Médard et des trembleurs des Cevennes. Ces derniers étaient aussi endormis, insensibles, pendant que leurs facultés subissaient l'exaltation.

Arétée a pareillement décrit la bizarre manie qui avait cours de son temps, et dont étaient prises des personnes d'ailleurs sensées, honnêtes, paisibles. Elles se frappaient, se déchiraient, se faisaient des incisions dans les chairs, excitées par une imagination fanatique. Ces malheureux, pâles, maigres, affaiblis, sont de simples variétés d'aliénation, dont Pinel, Fodéré et M. Esquirol ont vu beaucoup d'exemples.

S'il faut en croire Jamblique, pithagoricien, l'insensibilité et autres phénomènes analogues étaient familièrement acquis par les initiés aux mystères de l'Egypte, de la Chaldée, etc.

Rappelons la manie suicide des filles de Milet, des convulsionnaires de Saint-Médard et des circoncellions.

Cette dernière secte, ignorante et fanatique, présenta les plus inconcevables aberrations morales et physiques dont la nature
humaine soit capable. Aussi peu soumis
aux lois romaines qu'aux principes du Christianisme, ils se livraient à toutes sortes de
brigandages, d'assasinats et de suicides.
Une partie de ces enthousiastes frénétiques
désirait la mort, et ils la recherchaient
n'importe par quel genre de supplice; ils
se la donnaient même, s'ils ne trouvaient
personne qui voulût les détruire.

Mais ces horreurs du quatrième siècle
ont eu des équivalens en 1727, et en présence de tout Paris.

Alors éclata la folie des convulsionnaires
de Saint-Médard, racontée par mille témoins, entr'autres Becquet et Morand,
célèbres médecins de la capitale. Beaucoup
de personnes de tout sexe, de tout âge
et de tout rang, furent atteintes de cette
bizarre contagion. On porte à huit cents
les individus convulsionnés, qui sautaient,

criaient, hurlaient, aboyaient, prophéti-
saient, se faisaient battre et torturer, et
trouvaient leur compte aux plus affreux
traitemens.

Ces phénomènes extraordinaires et presque inconcevables, provoqués par les prétendus prodiges du diacre Paris, étaient le
fruit du délire, de la déraison, de l'erreur
de l'esprit, de l'aberration des sens et de
la sensibilité; toutes choses qui se propa-
pagent par imitation et sympathie, et sans
le concours du somnambulisme artificiel
ou des magnétiseurs.

Je pourrai demander s'il est décent, raisonnable, humain, de donner aux curieux
le spectacle des infirmités extraordinaires
et monstrueuses, qu'il faudrait dérober aux
regards, dans l'intérêt même du *bon sens*
et de la *salubrité nationale*. C'est ainsi
que le bon sens du peuple fait jeter un voile
sur la tête des épileptiques, dont les con-
torsions et les grimaces deviennent aisément funestes à ceux qui les regardent.

Le rôle ridicule que l'on fait jouer aux prétendus oracles magnétiques est-il au niveau des lumières du dix-neuvième siècle? Serait-ce un moyen capable d'anoblir notre nature et de l'accoutumer aux augures, aux aruspices, aux poulets, et autres immondices du paganisme?

Ici d'autres faits se présentent à ma pensée. Des écrivains dignes de foi assurent que des sectes religieuses, bizarres, mystiques, illuminées, s'étendent sourdement en Allemagne, en Suisse, en Italie, en Angleterre. Existerait-il des rapports occultes entre elles et le zèle magnétique qui, dans l'espace de soixante ans, enflamme pour la seconde fois les hautes classes de l'Europe? Jamblique, M. Matter, Fodéré et autres, assurent que plusieurs sectes anciennes, comme celle des gnostiques, avaient de l'affinité avec celles-là, tandis que, de leur côté, les magnétiseurs se vantent de pareille généalogie ou alliance. La fameuse dame Krudner, que sa naissance,

son esprit et sa beauté rendaient très-in-
fluente, faisait partie d'une secte de ce
genre, et elle en devint le chef. Elle traînait
à sa suite les populations ; et s'il fallait en
croire M. Rabbe (*Histoire d'Alexandre,
Empereur de Russie*, tom. 2, p. 246),
M.ᵐᵉ de Krudner gagna la confiance de
ce prince, dont elle fit l'*Ange blanc*, par
opposition à l'*Ange noir*, ange destruc-
teur, qui revient aux principes contraires
de Zoroastre et des gnostiques. Selon M.
Rabbe, *M.ᵐᵉ de Krudner eut une grande
part au traité de 1814*, qui a tant influé
sur les destinées de l'Europe. Si le fait est
vrai, les princes et les peuples sont bien à
plaindre !

Arrêtons-nous, en terminant le chapitre,
sur ces deux faits certains :

1.º L'homme, excité, impressionné de
différentes manières plus ou moins con-
nues, présente naturellement les phénomènes extraordinaires dont on fait honneur
au fluide magnétique.

2.º Par le moyen des gestes et des grimaces que font les magnétiseurs, le somnambulisme est provoqué chez les individus
susceptibles de cet état, qui peut aussi être
produit par les personnes étrangères à la
croyance et à la pratique du magnétisme.
Le ridicule et la bizarrerie du moyen ne
sauraient affaiblir l'importance singulière
des résultats.

CHAPITRE X.

Le Magnétisme est contraire à la raison et aux règles de la physique.

———

« Pour être magnétiseur et magnétisé, il faut croire *à priori ;* il faut avoir le vif désir de produire ou d'éprouver les effets magnétiques.

» Le magnétiseur, agent actif, doit être fort, voulant, passionné, convaincu, et *supérieur à l'être passif* qui croit au magnétisme, le désire vivement et se met en mesure de l'éprouver.

» De même que tous les individus ne sont pas moralement ni physiquement capables de magnétiser, de même aussi tous les individus ne sont pas propres à éprouver le magnétisme. Les personnes frêles, nerveuses, impressionnables, malingres, mélancoliques, hystériques, hypochondriaques ; enfin, les personnes crédules, les femmes et les filles mal réglées, sont les plus favorables au magnétisme ; » *par où l'on voit que la partie infirme du genre humain est livrée aux magnétiseurs !*

Le magnétisme s'approprie inconsidérément toutes les histoires graveleuses, et explique à sa manière les prodiges turbulens du fameux Urbain Grandier, condamné d'après le témoignage des religieuses de Loudun ; circonstance qui exclut l'intervention du magnétisme, puisque les esclaves de ce pouvoir ne peuvent ni parler, ni agir contre son gré.

Or, les magnétisés sont donnés comme des oracles, des précepteurs, des êtres supérieurs au reste du genre humain, et qui n'ont besoin ni de sens, ni d'études, ni de science, pour voir mieux ce que l'Institut et l'Académie de Médecine ont tant de peine à savoir ! Voilà un échantillon du progrès

9

et de la philosophie de notre époque. La postérité le croira-t-elle?

Le monde éclairé se trouverait donc jeté au milieu des infirmes? Le moyen de croire que la sagesse humaine trouve précisément sa lumière et ses règles parmi les rêveurs, les visionnaires, les fous, les jongleurs?

Laissons aux archives de Charenton l'estimation des phénomènes qui intéressent la médecine; je pense aussi qu'il faut laisser au paganisme les songes dont Galien tira un parti, d'ailleurs si ingénieux, pour être dispensé de suivre l'empereur Marc-Aurèle dans son périlleux voyage!

Reprenons l'exposé des conditions magnétiques:

« La présence des incrédules et des malveillans empêche, neutralise la puissance magnétique. »

Voilà, il faut en convenir, une puissance prodigieuse qui est annihilée, arrêtée par bien peu de chose! Quoi, le fluide magnétique, agent si puissant de la nature, que

l'on ose comparer au fluide galvanique,
électrique, qui met l'homme en rapport
avec les astres, qui transforme en génies
sublimes les infirmes et les plus sottes
gens; ce fluide prodigieux est donc arrêté,
neutralisé par un incrédule, un mal-
veillant ! C'est dire qu'il faut moins qu'un
atome pour *nouer le sort, pour enchaîner
le prétendu magicien!* Et cet agent, dont
toute la nature est pénétrée, ne se produit
qu'en faveur des individus infirmes, des
gens aveuglés par l'ignorance, la frayeur, le
prisme nerveux, la crédulité superstitieuse!
Hors de là, ce puissant fluide magnétique
est inerte, incapable; il garde l'incognito
de manière à compromettre la réputation
des plus enthousiastes et plus déterminés
magnétiseurs! La plume tombe des mains
quand on est réduit à réfuter des sottises
et des extravagances de cette sorte !

Et voyez où conduisent les absurdités,
les jongleries et les maléfices que l'humanité me fait examiner ! Les êtres les plus

abusables sont, pieds et poings liés, livrés à toutes les entreprises du charlatanisme, de la ruse, de la cupidité, de la force, du vice et du crime? Ne perdez pas de vue que le sommeil et la veille, la parole, la volonté, l'action et le repos des malheureux séduits, toute la personne du magnétisé est à la disposition du magnétiseur!

Le moyen d'être rassuré sur l'influence malfaisante dont le magnétisme est, clandestinement et même toujours, susceptible; quand on sait, par exemple, que *la diplomatie occulte* exerce le magnétisme à titre de passe-temps scientifique et médicateur? Est-ce ainsi que le magnétisme aurait enrôlé Mme de Krudner pour aboutir à l'empereur Alexandre? Se servirait-on du même expédient pour découvrir les secrets qui intéressent l'honneur, le repos, la fortune d'un père, d'une mère, d'une sœur; et quel nom faudrait-il donner au siècle, au code et au pays qui autoriseraient de si détestables machinations?

Il est d'ailleurs évident que les exigences et les pratiques du magnétisme ne choquent pas seulement la raison et la physique ; elles sont subversives des droits de l'homme.

Comment oser dire et prétendre qu'à la faveur du magnétisme on n'a pas besoin d'yeux pour voir, d'oreilles pour entendre, de tact pour toucher, ni d'organes pour manifester et transmettre la pensée, les désirs, la volonté, opérations mystérieuses de l'esprit humain ? A les en croire, l'eau qu'ils magnétisent se transforme, à l'instant, en telle ou telle liqueur purgative, tel ou tel parfum, à leur choix, ou du moins cette eau produit sur les magnétisés la sensation propre à la liqueur ou au parfum indiqué ! Vainement leurs illusions, leurs supercheries, leurs impostures sont-elles dévoilées, confondues, l'erreur et les prétentions se reproduisent auprès des personnes ignorantes, simples, crédules, qu'il est toujours facile d'abuser. Pour moi, je tombe des nues quand je vois des journaux de médecine proclamer pompeusement, et sur le ton de Virgile, les fruits bizarres du charlatanisme et des duperies magnétiques! Les prodiges qui ont annoncé et suivi la mort de César (premier livre des *Géorgiques*) ne sont pas plus poétiques!

Tout homme de sens sera assez éclairé par les faits et les considérations exposés.

Il n'est pas de propriété plus certaine, moins contestée, que celle de notre raison et de notre corps. Personne n'a le droit de m'avilir, dégrader, violenter, ni de m'exposer à périr contre mon intention et ma volonté. Personne n'a le droit de changer ma noble nature, de la transformer en une situation ridicule, bizarre, monstrueuse. Enfin, il n'est pas de citoyen raisonnable en France qui s'attende à l'abrutissement et aux servitudes honteuses dont les effets magnétiques sont inséparables : on flatte la crédulité des malades, on abuse inévitablement de leur simplicité, de leur con-

fiance, et l'on se garde bien de leur dire
les conditions du marché !

Les magnétiseurs aveugles ou clairvoyans
sont donc les ennemis de la raison, de la
civilisation, de la société; ils sont plus coupables, dit Fodéré, que ceux qui attentent
à la vie, puisqu'ils altèrent, avilissent,
paralysent notre royale et divine nature.

CHAPITRE XI.

Le Magnétisme est insalubre, immoral, et subversif des droits de l'homme.

Lorsque la religion conduisait la société, réglait la pensée, la parole et les actions de l'homme, présidait à la justice, à la liberté et à l'ordre par la discipline de l'esprit et des mœurs ; lorsque, tutrice des peuples, elle éclairait et conservait leur raison vacillante et fragile, et se chargeait du salut public, alors les magiciens étaient interdits et punis comme corrupteurs, séducteurs, perturbateurs de la société.

Si l'on considère que, de nos jours, à chaque essai de gouvernement nouveau, les embaucheurs sont brutalement mis à mort, et pour des choses absolument relatives à l'opinion, on ne sera point surpris que, sur les grands intérêts de la dignité, de la liberté et de la vie de l'homme ; enfin, de l'ordre public et du repos des familles, l'ancienne législation se soit montrée sévère.

En matière de principes sociaux, l'égarement est grave et parfois suivi de conséquences incalculables. Oui, *la raison n'a souvent qu'une voie*, et la raison mobile, opiniâtre et capricieuse des Juifs ne pouvait sortir de la *route légale* sans tomber dans *l'extravagance, l'abrutissement et la servitude, que Baal, Isis, Jupiter, Python, traînaient à leur suite !!!*

Il est de même impossible de lire l'histoire romaine pendant les six premiers siècles de notre ère, sans voir distinctement que les initiations et les pratiques des gnostiques, des basilidiens et autres affiliations de ce genre, intéressaient vivement la morale, la raison, l'ordre public et le bonheur des citoyens. L'abrutissement,

l'extravagance, les vices, les crimes, la
dissolution de la société, auraient été le
résultat de la tendance de ces bizarres sectes, si le Christianisme ne les eût démas-
quées et arrêtées. On peut consulter, à ce
sujet, les chapitres que Monfaucon a con-
sacrés aux mystères des Egyptiens et des
gnostiques dans l'*Antiquité expliquée*.

Magiciens, vrais ou faux; magnétiseurs,
gnosistes ou illuminés, le nom et le prétexte ne font rien aux réalités et aux erreurs pernicieuses qui me font prendre la
plume !

Laissons donc les vains paradoxes de
Bayle sur l'idolâtrie, si bien relevés par
Montesquieu; laissons les frivoles raison-
nemens des esprits sans profondeur, sans
jugement ni érudition, au sujet des lois
hébraïques et chrétiennes; bornons-nous
à demander quels avantages l'esprit humain, la civilisation et l'humanité ont
retirés de la magie, de la sorcellerie, de
l'astrologie, du magnétisme.

Dans la société théocratique de Moïse,
cette affaire capitale autorisait les mesures
de la dictature romaine. *Caveant consu-
les ne quid respublica detrimenti capiat !*

Voici textuellement les lois des Juifs
(*Exod., Lévitiq., Deutér.*) : « Vous ne
souffrirez point ceux qui usent de sortiléges et d'enchantemens, et vous les mettrez
à mort. Ne vous détournez pas de votre
Dieu, pour aller chercher des magiciens,
et ne consultez pas les devins, de peur de
vous souiller. Si un homme ou une femme
a un esprit de Python ou un esprit de
divination, qu'ils soient punis de mort.
Prenez bien garde, lorsque vous entrerez
dans les pays idolâtres, de ne pas imiter
les abominations de ces peuples : qu'aucun
de vous ne consulte les devins, n'observe
les songes et les augures, ou n'use de
maléfices, de sortiléges, d'enchantemens,
ou ne consulte ceux qui ont l'esprit de
Python, car Dieu a en horreur toutes ces
choses, et il exterminera ces peuples, à

votre entrée, à cause de ces crimes. »

La belle Ordonnance de Louis XIV, de
1682, sur ce même sujet, amplifie, motive
et explique, d'une manière assortie aux
temps modernes, les passages que je viens
de rapporter.

« Louis, par la grâce de Dieu, roi de
France et de Navarre :

» A tous présens et à venir, salut.

» L'exécution des ordonnances des rois
nos prédécesseurs, contre ceux qui se disent
devins, magiciens et enchanteurs, ayant
été négligée depuis long-temps, et ce relâ-
chement ayant attiré des pays étrangers,
dans notre royaume, plusieurs de ces imposteurs, il serait arrivé que, sous prétexte d'horoscope et de divination, et par
le moyen des prestiges, des opérations de
prétendues magies et autres illusions semblables dont cette sorte de gens ont accou-
tumé de se servir, ils auraient surpris diverses personnes ignorantes ou crédules
qui s'étaient insensiblement engagées avec

eux en passant des vaines curiosités aux
superstitions, aux impiétés et aux sacriléges; et, par une funeste suite d'engage-
mens, ceux qui se sont le plus abandonnés à la conduite de ces séducteurs, se
seraient portés à cette extrémité criminelle, d'ajouter le maléfice et le poison
aux impiétés et aux sacriléges, pour obtenir l'effet des promesses desdits séducteurs,
et pour l'accomplissement de leurs méchan-
tes prédictions. Ces pratiques étant venues
à notre connaissance, nous aurions employé tous les soins possibles pour faire
cesser et pour arrêter, par des moyens
convenables, les progrès de ces détestables abominations; et, bien qu'après la
punition qui a été faite des principaux
auteurs et complices de ces crimes, nous
dussions espérer que ces sortes de gens
seraient, pour toujours, bannis de nos
états, et nos sujets garantis de leur sur-
prise; néanmoins, comme l'expérience du
passé nous a fait connaître combien il est

dangereux de souffrir les moindres abus qui portent aux crimes de cette qualité, et combien il est difficile de les déraciner lorsque, par la dissimulation et le nombre des coupables, ils sont devenus crimes publics; ne voulant d'ailleurs rien omettre de ce qui peut être de la plus grande gloire de Dieu et de la sûreté de nos sujets, nous avons jugé nécessaire de renouveler les anciennes ordonnances, et de prendre encore, en y ajoutant, de nouvelles précautions, tant à l'égard de ceux qui usent de maléfices et de poisons, que de ceux qui, sous la vaine profession de devins, magiciens, sorciers ou autres noms semblables, condamnés par les lois divines et humaines, infectent et corrompent l'esprit des peuples par leurs discours et pratiques, et par la profanation de ce que la religion a de plus saint. Savoir faisons, que nous, par ces causes et autres à ce nous mouvans, et de notre propre mouvement, certaine science, pleine puissance et autorité royale, avons dit, déclaré et ordonné, disons, déclarons et ordonnons par ces présentes, signées de notre main, ce qui ensuit :

» Que toutes personnes se mêlant de deviner, et se disant devins ou devineresses, videront incessamment le royaume après la publication de notre présente déclaration, à peine de punition corporelle.

» Défendons toutes pratiques superstitieuses, de fait, par écrit ou par paroles, soit en abusant des termes de l'Ecriture-Sainte, ou des prières de l'Eglise, soit en disant ou en faisant des choses qui n'ont aucun rapport aux causes naturelles ; voulons que ceux qui se trouveront les avoir enseignées, ensemble ceux qui les auront mises en usage, et qui s'en seront servis pour quelque fin que ce puisse être, soient punis exemplairement, et suivant l'exigence des cas.

» Seront punis de semblables peines, tous ceux qui seront convaincus de s'être servis de vénéfices et de poison, soit que la mort s'en soit ensuivie ou non, comme aussi ceux qui seront convaincus d'avoir composé ou distribué du poison pour empoisonner ; et parce que les crimes qui se commettent par le poison sont, non-seulement les plus détestables et les plus dangereux de tous, mais encore les plus difficiles à découvrir, nous voulons que tous ceux, sans exception, qui auront connaissance qu'il aura été travaillé à faire du poison, qu'il en aura été demandé ou donné, soient tenus de dénoncer incessamment ce qu'ils en sauront à nos procureurs-généraux ou à leurs substituts, et, en cas d'absence, au premier officier public des lieux, à peine d'être extraordinairement procédé contre eux, et punis selon les circonstances et l'exigence des cas, comme fauteurs et complices desdits crimes, et sans que les dénonciateurs soient sujets à aucune peine, ni même aux intérêts civils, lorsqu'ils auront déclaré et articulé des faits, ou des indices considérables qui seront trouvés véritables et conformes à leur dénonciation, quoique, dans la suite, les personnes comprises dans lesdites dénonciations soient déchargées des accusations : dérogeant, à cet effet, à l'article 75 de l'ordonnance d'Orléans, pour l'effet du vénéfice et du poison seulement, sauf à punir les calomniateurs selon la rigueur de ladite ordonnance.

» Donné à Versailles, au mois de Juillet, l'an de grâce 1682, et de notre règne le quarantième.

» *Signé* Louis.

» *Et plus bas :* Par le Roi, Colbert. *Visa*, Le Tellier. »

Je n'insisterai pas sur la fécondité de l'esprit de mensonge et sur ses conséquences philosophiques, politiques, religieuses, etc. Les erreurs de l'homme sont innombrables, et elles ont familièrement l'apparence de la vérité, produisant comme elle, et souvent plus qu'elle la persuasion.

10

Il importe ici d'observer qu'au temps de Moïse le paganisme régnait dans tout l'univers, excepté chez les Juifs, et que ceux-ci étaient toujours entourés d'idolâtres, dont le contact leur devenait souvent funeste. De là sortent les défenses et les peines du législateur, qui voulait garantir la nation des superstitions abrutissantes, des désordres et des crimes inhérens, comme on l'a vu, aux pratiques de ce genre.

Aujourd'hui, l'Europe est dans une tout autre situation : le Christianisme est partout. Les gouvernemens peuvent donc voir d'un autre œil le principe, quel qu'il soit, des maléfices; mais la nécessité de garantir à chacun les droits de la nature et de la société, ramènera vers la législation, qui préserve et punit, n'importe par quel motif et quel mode approprié aux mœurs présentes. Dans tous les siècles, au surplus, on punissait ces sortes d'artistes comme maléficiers, malfaiteurs. Les

ory légs

médecins-légistes de notre temps ont, il est vrai, cessé de s'occuper des sorciers et des sortiléges, ne croyant pas à l'existence d'un tel pouvoir; mais aujourd'hui, comment fermer les yeux ou garder le silence là-dessus, lorsque cent magnétiseurs avouent les faits, les actes criminels de ce genre? Ai-je besoin de demander si les actes attentatoires à l'honneur, à la liberté, à la propriété, à la vie des citoyens, sont dénaturés par les explications variables de la philosophie?

Je n'examinerai pas si, par l'effet d'une organisation anormale, vicieuse, et vaguement connue des médecins, certains individus éprouveraient plus particulièrement une sorte de vie intérieure qui, sans le secours des sens externes, rendrait beaucoup de choses accessibles à l'entendement, et si cette vie intérieure pourrait rendre raison des phénomènes naturels qui se rattachent aux songes, au somnambulisme, aux accès d'hypochondrie, de catalepsie, etc.

La médecine sait si peu comprendre et expliquer les phénomènes merveilleux de la nature humaine ! Il est certain que la démence, la catalepsie, l'extase, le somnambulisme, la danse de Saint-Guy, sont quelquefois accompagnés de phénomènes étonnans et même incompréhensibles*. L'intelligence, l'adresse, la mémoire, se manifestent dans un ordre, et comme sur un plan parfaitement conçu et exécuté. J'en ai vu beaucoup d'exemples variés et absolument semblables ou analogues à ceux qu'on trouve cités dans les livres de médecine. Les *Transactions* de Lausane, la *Zoonomie* de Darwin, les écrits de Fodéré, d'Esquirol, etc., etc., en offrent de bien extraordinaires. Ceux que raconte Darwin (sect. 19 et 34) sont on ne peut plus intéressans. Ce médecin ingénieux regarde l'extase et le somnambulisme comme des modes d'épilepsie et de folie ; il voit et explique à sa

---

* Je ne parle que de maladies du ressort de la médecine.

manière, absolument hypothétique, les maladies de ce genre, dont aucun médecin n'a pu rendre raison.

Je me garderai donc de disserter sur cette vie intérieure, mystère incompréhensible de notre nature, que l'on aperçoit plus ou moins distinctement à travers le voile de l'organisation, soit endormie, soit malade. La médecine, la jurisprudence et la société, ne sauraient vivre de spéculations, d'hypothèses plus ou moins ingénieusement assorties à l'esprit dominant de chaque époque. Ces sciences bien entendues ont pour fondement et pour lumières les principes du droit et les faits observés ou exprimés par actes et par témoins. Le jugement et la logique font le reste.

Il s'agit donc simplement d'estimer les procédés et les pratiques par lesquels *on peut facilement attenter à la santé, à la vie, à la raison, à la liberté des citoyens ;* pratiques qui permettent *de ré-*

duire les magnétisés à la condition des *imbéciles, des idiots, des interdits, des esclaves*...! Les hommes les plus forts et les plus passionnés ont-ils le droit de violer les lois de la nature et de la société à l'égard des individus qui sont physiquement et moralement plus faibles? Tout est là.

Le Roi de France n'a pas et n'a jamais eu un tel droit, qu'aucune nation ne peut conférer.

Vainement on espérerait de prévenir, d'éloigner ces inconvéniens graves et multipliés, en exigeant, par exemple, que le magnétisme soit exercé par des hommes honnêtes, irréprochables, et en présence d'un notaire et de quatre gendarmes. *Qui n'est pas légalement honnête aujourd'hui*, à moins de vagabondage et de peines honteuses? A cela près, le certificat de bonne vie et mœurs est délivré à tout le monde, en sorte que chaque citoyen a vertu suffisante pour opérer. Or, personne n'a qualité pour exercer les facultés énormes que les magnétiseurs s'attribuent. Impossible de les accorder, même à Aristide, à Fénélon, à d'Aguesseau, parce que la morale, base, ciment et flambeau de la société, ne permet à personne de disposer à ce point de ses semblables, ni de renoncer aux priviléges de la nature et de la société. Laisser faire quelques magnétiseurs aveuglément honnêtes, c'est ouvrir la porte à toutes sortes d'abus révoltans.

Et d'ailleurs, *les faits magnétiques se développent souvent bien au-delà de l'intention du magnétiseur et du magnétisé; en sorte que les magnétiseurs, effrayés à la vue des accidens périlleux, perdaient la tête, ne pouvant en arrêter le cours...!*

Quant aux gendarmes, évidemment ils ne peuvent empêcher l'effet des maléfices qui rendent le magnétiseur maître du magnétisé. La garde qui veille aux barrières du Louvre ne défendrait pas nos rois!

Enfin, le magnétisé est hors d'état de se plaindre et de poursuivre le prétendu sorcier.

Par tous ces motifs, le magnétisme doit être interdit et condamné, selon le texte de la loi romaine que j'ai cité.

Mais ici une question singulière se présente : le code qui nous régit est-il applicable à ces maléfices? Les jurisconsultes, les publicistes, les hommes d'état, ont-ils examiné ce point de droit naturel, religieux, civil et politique? La raison de tous les temps et les lois immuables de la justice peuvent-elles voir avec indifférence les suites et les périls inséparables du magnétisme?

Selon Merlin, *le sortilége est un maléfice dont se servent les prétendus sorciers pour nuire à autrui.* Mais les magnétisés sont sous le joug et la dépendance du prétendu sorcier, et *le suivent, comme un chien suit son maître.* N'est-ce pas nuire à autrui, que de le priver de sa

liberté physique et morale, et de le réduire
à la plus abjecte servitude?

Merlin paraît confondre les magnétiseurs avec les sorciers vulgaires de la Brie,
les sorciers de basse et sotte condition, qui
figurent parfois aux assises. Le magnétisme, comme on l'a vu, est domicilié plus
haut, et ses ministres diffèrent beaucoup
des maléficiers, dont les classes populaires
ont à souffrir. Il s'agit, enfin, d'un art de
grande conséquence, puisqu'il se lie étroi-
tement aux délits et aux crimes les plus
monstrueux, à la subornation, à la capta-
tion, au dol, à la fraude, au guet-apens,
aux plus coupables attentats. Je demanderai seulement aux jurisconsultes et aux
magistrats s'il existe un principe de droit,
une loi quelconque qui permette à un
homme d'exercer un pouvoir irrésistible
sur ses semblables? Cette question résolue,
je demanderai si l'enseignement et l'usage
du magnétisme ne devraient pas être interdits, poursuivis et condamnés par les magistrats et les tribunaux du royaume?

CHAPITRE XII.

———

On a vu que les deux premières compa-gnies savantes de France, l'ancienne Aca-démie des Sciences et l'ancienne Société royale de Médecine, chargées d'examiner le magnétisme, déclarèrent que l'imagina-tion faisait tout, que le magnétisme était nul et que ses moyens étaient dangereux; ce qui revient au sentiment de Pline.

La Société royale de Médecine ayant fait un appel aux médecins de la France et de l'Europe, elle en reçut un grand nom-bre de mémoires et de renseignemens, dont Thouret publia le résumé. En voici le précis. Le magnétisme est rejeté, condamné, 1.° parce que son agent n'existe pas.

2.° Ses manipulations et ses pratiques sont dangereuses.

Le récit des circonstances et des accidens sont cités par le rapporteur. Il observe que, dans les villes éclairées, le magnétisme n'avait pu s'établir.

3.° En 1825, l'Académie royale de Médecine procède à un nouvel examen du magnétisme, et la commission fait un rapport favorable, mais que l'on n'a pas osé livrer à la discussion.

4.° En 1837, l'Académie royale de Médecine nomme une nouvelle commission, composée de partisans et d'adversaires du magnétisme; elle procède à l'examen des épreuves magnétiques, fait et publie, à l'unanimité, un rapport contraire à toutes les prétentions magnétiques.

5.° En 1838, M. Pigeaire, médecin de Montpellier, reconnaît dans sa jeune fille la faculté magnétique de voir *les yeux fer-*

més. Le prodige ayant été opéré publiquement, et en présence des médecins et des professeurs de Montpellier, M., Mme et Mlle Pigeaire se rendent à Paris, auprès de l'Académie royale de Médecine, afin de toucher le prix de 3000 promis au magnétisé qui *lirait sans le secours des yeux*. Ici Mlle Pigeaire, soumise à différentes épreuves publiques, a échoué dans son entreprise. La supercherie est reconnue; c'est par le secours des yeux, exercés aux manéges appropriés, qu'elle voit. Elle et ses parens s'en retournent donc sans avoir gagné le prix.

Tel est le précis historique du magnétisme.

Je n'ai pas voulu opposer mes convictions et mon témoignage à la conviction et au témoignage des partisans du magnétisme. Les illusions, les prestiges, les mensonges, les fraudes que j'ai rencontrés, n'auraient peut-être désillé les yeux de personne.

J'ai donc cru devoir me placer sur un théâtre plus grand et plus décisif. Je lui oppose la malédiction de trente siècles, l'indignation et l'horreur des nations les plus célèbres, la conviction et le témoignage des philosophes, des savans et des médecins anciens et contemporains; enfin, les aveux publics de ses partisans.

J'ai prouvé, par le rapprochement des faits observés dans tous les temps, que le magnétisme n'est pas plus innocent que chimérique; que ses réalités comme ses mensonges compromettent la santé physique et morale, la sûreté, la liberté et le bonheur des hommes; qu'il tend à pervertir la raison, le jugement, la discipline sociale et domestique, et à reproduire en tout lieu les extravagances, les désordres et les crimes dont les gnostiques, les donatistes, les convulsionnaires et les dormeurs des Cevennes et de Saint-Médard, ont offert l'exemple lamentable; enfin, j'ai prouvé qu'aujourd'hui, comme aux temps de

Moïse, d'Hippocrate, de Pline et de
Louis XIV, l'art maléficier intéresse au
plus haut degré la religion, la médecine et
l'autorité sociale.

Il n'est pas question ici d'une affaire de
théologie ni d'un sujet philosophique; il ne
s'agit pas du principe du mal de Zoroastre,
de l'esprit satanique ou de l'Ange noir, de
la secte de Mme Krudner; toutes choses qui
ne regardent pas la médecine légale.

Le magnétisme est placé sur un terrain
qui rend inutile les problèmes et les contro-
verses relatifs à l'origine initiale et à l'esprit permanent de cet art maléficier. Les
faits connus, publics, multipliés, qui sont
de la compétence de ma profession, suffisent
à motiver et justifier l'anathême porté contre les maléficiers.

Depuis soixante ans, on appelle art magnétique ce que, dans les siècles antérieurs,
on appelait magie, sorcellerie, astrologie;
et les magnétiseurs venus à la suite de
Mesmer se présentent comme continua-

teurs et successeurs de l'œuvre magique des
pythonisses, des sibylles et des sorciers. Ils
se vantent de produire, par des procédés et
des moyens naturels, les phénomènes extraordinaires et prodigieux que l'ignorance
et l'erreur attribuaient, disent-ils, à une
puissance ténébreuse ou surnaturelle.

Ces deux classes d'enchanteurs, c'est-à-
dire, les magiciens d'autrefois et les magnétiseurs d'aujourd'hui, partent-elles du
même point et emploient-elles les mêmes
moyens? Rien ne le prouve, et je laisse
Mesmer revendiquer un tel héritage. Encore une fois, la question médico-légale
n'est point là. Les faits connus, publics,
irrécusables; les déclarations et les aveux,
également publics, suffisent à la décision
des médecins, des pères de famille, des
hommes de sens, des magistrats et du
gouvernement.

Sous le seul rapport de l'imposture, des
jongleries et des conséquences industrielles
dont cet art est tissu, il serait déjà fort

redoutable, et devrait être interdit sous des peines graves.

En effet, lorsque des savans et des médecins habiles donnent tête baissée dans les illusions et les tromperies les plus grossières, et que, du temps de Mesmer comme aujourd'hui, les classes les plus élevées et les plus instruites tombent dans les piéges et les mystifications magnétiques, comment les bonnes gens, les personnes simples, ignorantes, peureuses, crédules, et, enfin, les êtres souffrans, seraient-ils à l'abri des roueries magnétiques ?

Elles sont si grandes ces séductions, qu'un des plus habiles et des plus judicieux médecins de Paris, Desbois de Rochefort, après avoir froidement et attentivement observé le mesmérisme, *engage les médecins, jeunes et vieux, d'éviter les réunions et les pratiques de ce genre.*

Quant aux périls de toute sorte que nous avons signalés plus haut, ils sont reconnus par les magnétiseurs, entr'autres

par M. Rostan, professeur de la Faculté
de Médecine de Paris, qui, après avoir
soutenu chaleureusement le magnétisme,
déclare néanmoins que *le gouvernement
devrait intervenir, afin de garantir la
santé, le bonheur et la vie des citoyens !*

Le magnétisme ouvre la porte à toutes
les passions fougueuses. Que gagnerait le
dix-neuvième siècle à la multiplication des
exaltés, des enthousiastes, des caractères
impressionnables, des hypochondriaques,
des imaginations vagabondes, des hommes
entreprenans ? Ils deviendraient sûrement
redoutables à la famille, à la cité, à l'état !
Il n'en faut pas douter, le magnétisme,
gagnant de proche en proche, par la contagion si entraînante de l'exemple et de la
vogue, reproduirait et propagerait l'extravagance et les manies effroyables dont j'ai
rapporté brièvement l'histoire. L'influence
des causes de ce genre a toujours été puis-
sante et tumultueuse chez tous les peuples,
et particulièment parmi ceux que le climat,

11

les lois, les opinions et les mœurs rendent *fermentescibles* ; et ces dispositions anormales, morbides de la nature humaine, sont d'autant plus malheureuses, qu'elles se transmettent héréditairement, et passent souvent des pères aux enfans !

Le nom et la qualité de fluide ou d'agent naturel donné au magnétisme ne peut certainement en imposer aux hommes de sens. Depuis la peur, si souvent funeste aux enfans et aux personnes timides, jusqu'à l'arsenic et aux contagions pestilentielles, combien d'agens naturels dont l'usage est interdit par la morale, les lois et l'humanité !

Enfin, la bonne foi et la droiture de beaucoup de magnétiseurs ne saurait servir de passe-port à des pratiques et des moyens dont le pouvoir et l'effet se déploient d'une manière attentatoire à la santé, comme à la liberté physique et morale des magnétisés.

CHAPITRE XIII.

Nécessité d'une loi contre l'enseignement et les pratiques du Magnétisme.

Nous avons vu que, pendant le long règne des sociétés théocratiques, les magiciens étaient punis. Dieu n'était pas seulement à la tête du code des Juifs et des Chrétiens; la législation des Grecs et des Romains avait un patronage analogue. Cicéron commence par là son code social, destiné à un peuple libre. Le préambule, *Legis proemium,* est très-remarquable à cet égard, et vraiment, *l'équité,* que Domat appelle la loi universelle, n'est pas plus de notre invention que la gravité.

L'ère nouvelle, dite d'émancipation et

de liberté, a aboli cette généalogie légale ;
elle part d'un autre principe ; elle suppose
que les principes sociaux sont d'invention
humaine et faits de main d'homme ; elle
suppose qu'une réunion d'individus, déco-
rés du titre de philosophes, de littérateurs,
de publicistes, de mathématiciens, de médecins, de fabricans, de militaires, d'avo-
cats, etc, peuvent faire des *lois sociales*
selon leurs vues, tandis que ces mêmes
législateurs savent parfaitement qu'il est
impossible de faire des édifices, des che-
mins de fer, des bateaux à vapeur, des
machines de Louviers, de Rouen et de
Lyon, sans égard aux principes, aux lois
physiques que le Créateur a établis !

De là vient apparemment que les œuvres
de l'art se perfectionnent admirablement,
tandis que la société humaine s'ébranle,
se trouble, se désunit de plus en plus. Ainsi
on pourrait douter que nous connaissions
les difficultés inhérentes à la société et au
gouvernement des hommes.

Quoiqu'il en soit , depuis près de cinquante ans le code français a repoussé ou
abandonné la ligne légale , suivie depuis
Moïse jusqu'à Louis XIV , au sujet des
maléfices.

Il faut reconnaître que l'ancienne législation avait presque partout détruit, surtout en France , les artistes de cette sorte.
Aujourd'hui, il n'en est plus fait mention
dans le code ni dans les traités de médecine légale.

Cependant on l'a vu , des faits graves en
soi et dans leurs conséquences se reproduisent, sous le prétexte du magnétisme.
Nous sommes exposés à voir les tribunaux
occupés d'une sorte *de sorts, de charmes,*
et de ce que l'ancienne jurisprudence appelait *noueure de l'aiguillette.* Les faits
avoués constituent autant d'actes qualifiés
de délit et de crime par les lois en vigueur.

Il est douteux néanmoins que le jury,
généralement composé de personnes peu
capables de juger les causes graves et com-

pliquées, puisse apprécier la portée des pratiques magnétiques.

Dans la jurisprudence des Juifs et des Chrétiens, les maléficiers n'étaient pas seulement poursuivis et punis à cause des séductions, des crimes et des délits dont ils se rendaient coupables; le législateur voyait de plus haut; il considérait les pratiques magiques comme des émanations et des branches de l'idolâtrie et du paganisme, dont il fallait garantir les peuples. Cette élévation de vues relatives à l'harmonie raisonnable de la société serait-elle accueillie de nos jours? C'est douteux, et néanmoins il faut y tendre.

En effet, il est généralement connu que les dispositions morales et organiques des hommes sont très-différentes. Leur intelligence, leur raison, leur jugement, leur caractère, leurs passions, présentent un grand nombre de variétés plus ou moins favorables à l'ordre public et domestique. Or, les lois morales, civiles et criminelles, etc....., *ont pour but de convertir en une masse, jusqu'à un certain point homogène, ces portées et ces dispositions divergentes et souvent hostiles, d'imprimer une direction salutaire et sociale à cette multitude d'individus enclins à se heurter.*

Au reste, quelles que soient les opinions là-dessus, on doit au moins tomber d'accord sur la nécessité des mesures que je réclame. Ce ne sera point retourner sur ses pas ni rentrer précisément dans un ordre de lois mortes.

Il faut en convenir, une chose préoccupe notre époque et met obstacle à plusieurs améliorations indispensables. On a cru avancer en quittant la généalogie morale et certaines routes éprouvées à la sueur des générations qui nous ont précédés. On croit encore que les innovations légales sont *le progrès,* le perfectionnement, et que l'esprit humain, déployé par le principe, *mon opinion est ma loi,* ne rétrograde pas.

Essayons de redresser ces idées, en montrant que les perfectionnemens législatifs sont le développement des principes sociaux que l'homme n'a ni inventés ni faits, ou le retour des peuples aux lois dont ils s'étaient écartés.

De grandes erreurs règnent parmi les savans et les classes éclairées ; on croit que la maturité de la raison, produite par les lumières philosophiques et les nouvelles mœurs, enfante d'elle-même cette perfection des lois libérales dont le dix-huitième et le dix-neuvième siècles ont joui. Il s'agit de prouver que la sagesse humaine n'a fait que rentrer plus ou moins avantageusement sur la ligne dont elle s'était écartée.

Il est évident que les actions et les opinions sont libres en morale, en politique, en législation, comme en physique, en géométrie et en agriculture. Les individus, ainsi que les nations, sont maîtres de suivre ou de ne suivre pas tels principes, telles lois, tels procédés ; *de cette liberté résulte la situation variable de l'esprit humain, de la société, des croyances, des lumières, des arts, et enfin de la civilisation.*

Il arrive donc infailliblement, 1.º que la société s'affaiblit et se déprave, à mesure qu'elle s'écarte des principes, des lois qui la forment et la maintiennent; par la même raison que la physique, la mécanique, la médecine, l'agriculture, produisent des effets ou des fruits d'autant plus imparfaits, que les hommes s'éloignent davantage des principes ou lois relatives à chacune de ces sciences; 2.º que la société ne se perfectionne qu'en revenant plus ou moins aux lois qu'elle avait abandonnées, par la même raison que les perfectionnemens des arts ne sont jamais dus qu'à un retour vers les principes et les procédés négligés, altérés.

Ces deux vérités sont manifestement établies par les actes législatifs les plus mémorables des nations célèbres. Les Juifs, les

Perses, les Egyptiens, les Grecs, les Romains, étant loin de nous, je crois plus convenable d'arrêter les regards du lecteur sur les temps modernes et sur les lois fécondes que la France a reçues depuis Louis XIV jusqu'à Louis XVIII.

Louis XIV est visiblement à la tête du beau mouvement qui s'opéra dans le dix-septième et le dix-huitième siècles. La marche rapide de la civilisation et le développement de toutes les facultés de l'homme sont la suite et le fruit de cinq grands moteurs ou lois établies par ce grand prince, savoir :

1.º Les ordonnances qui règlent la police du royaume et de la ville de Paris. Années 1666, 1667, 1674, 1701, etc.

2.º L'ordonnance civile du mois d'Avril 1667.

3.º L'ordonnance criminelle de 1670.

4.º L'ordonnance du commerce. 1673.

5.º Les ordonnances relatives aux armées de terre et de mer.

L'impulsion civilisatrice et les bienfaits sociaux sortis de là sont immenses.

Parmi les édits les plus marquans qui sont venus ensuite, il faut citer, 1.º celui de 1777, qui abolit la servitude personnelle; 2.º celui qui abolit la torture, ou question préparatoire; 3.º l'édit de Louis XVI, Juin, 1789; 4.º la charte de Louis XVIII, année 1814.

Tels sont les actes législatifs qui ont été tour à tour, depuis Louis-le-Grand jusqu'à Louis XVIII, les moteurs des changemens moraux et physiques opérés en France dans la société, dans la famille, et parmi les citoyens; les merveilles matérielles que le génie a produites dérivent de la même source.

Or, ces lois et ces procédés administratifs ne sont qu'un *retour vers les principes et les lois abandonnées ou altérées depuis long-temps; c'est le développement, l'application, la remise en vigueur plus ou moins complète des principes du*

Christianisme, du droit romain et du droit français.

Ainsi la police de Louis XIV est évidemment calquée sur celle des Grecs, des Romains, et plus particulièrement sur celle d'Auguste.

La partie libérale de la charte de Louis XVIII est tirée de l'édit ou déclaration de Louis XVI, année 1789, lequel aussi dérive du vieux droit français, des franchises législatives accordées par Louis-le-Gros, saint Louis, Philippe-le-Bel, Louis XI, Henri II et Charles IX.

Il n'est pas moins facile de trouver la généalogie du prétendu *code Napoléon*. Il descend évidemment de la législation de Louis XIV, dont l'esprit et les fondemens appartiennent au droit romain et au droit français. Ainsi les droits civils et politiques, le libre vote de l'impôt, la liberté et l'égalité légales, l'institution du jury, etc., ne sont pas une invention de notre époque, un droit nouvellement acquis à l'humanité :

le droit français, le droit romain, le Christianisme, et même la législation des Hé-
breux, des Egyptiens et des Grecs, sont
les sources des bienfaits législatifs de notre
temps.

Il n'est pas moins certain que l'institution du jury, dont nous sommes si fiers,
n'appartient pas plus à la France qu'à
l'Angleterre, à titre d'invention. Elle était
établie chez les Juifs *, et plus sage que la
nôtre, puisque *ce tribunal était formé de
l'élite des citoyens, tandis qu'aujourd'hui
le premier venu décide de l'honneur, de
la fortune, de la vie des accusés !!!*

L'édit qui abolit la servitude n'est qu'un
retour au droit naturel que le Christianisme avait d'ailleurs consacré : vérité reconnue par Louis XVI dans le considérant
de l'édit.

L'abolition de la torture, ou question
préparatoire, était prononcée par le code

* *Deutér.*, ch. i.

du Christ, long-temps avant l'édit mémorable de Louis XVI. Saint Augustin et le pape Nicolas I.er avaient attaqué cette épreuve judiciaire du paganisme, comme injuste, cruelle, et contraire à son objet. D'Aguesseau, Montesquieu, Lamoignon, Dupaty, n'ont pas signalé les vices horribles de cette loi barbare avec plus de force et d'éloquence que saint Augustin et le pontife de Rome.

Les mêmes considérations sont applicables à la célèbre ordonnance criminelle de 1670, dont les fondemens sont tirés de la législation hébraïque et romaine, et par conséquent au code criminel qui régit la France. En un mot, *les libertés, les droits et les moyens d'émancipation de notre époque, presque tout ce qui est bon, a une vieille date et vient des sources indiquées.* Ces bienfaits sont donc le fruit du retour aux lois de la nature, aux droits religieux, civils et politiques abandonnés depuis long-temps.

Je ne m'arrêterai pas à montrer de combien de manières la législation de Louis
XIV et les exemples de la France ont con-
tribué à la civilisation de l'Europe. Il est
également inutile de faire étalage d'érudition pour montrer que la législation plus
ou moins juste et libérale des divers états
de l'Europe a la même source et la même
identité fondamentale, malgré la différence
des religions et des gouvernemens ; il me
suffira de citer les plans de société que
Penn et Catherine ont imaginés : l'un et
l'autre partent des principes chrétiens et
des règles de justice dont j'ai indiqué les
sources. Le code de Frédéric, roi prétendu
philosophe, sort du Christianisme et du
droit romain , quoique mêlé d'alliages féo-
daux et despotiques.

Tout homme instruit doit voir par
quelle génération de pensées et d'actes
législatifs on remonte ainsi jusqu'aux
décemvirales, et de là au Décalogue rap-
pelé ou promulgué au mont Sinaï ; et

comme de ce point initial de l'histoire, les lois motrices et régulatrices, soit de l'intelligence, soit de la société, se retrouvent plus ou moins dans tous les siècles et tous les pays avec leurs effets propres, *il est évident que les générations humaines rendent témoignage aux vérités que j'établis.* Il suit également que *la raison écrite n'est que le développement naturel de la raison révélée.* Aussi voyons-nous les Juifs en possession de *la liberté si chère aux Grecs, aux Romains et aux Français, vivant sans sujétion quelconque, et n'obéissant qu'à Dieu, à qui toute nature obéit.*

La définition et l'exercice légal *de la liberté vient de là, et là se trouve pareillement le principe ou germe du droit romain et de toute la jurisprudence, etc.* — *Cuique suum.*

FIN.

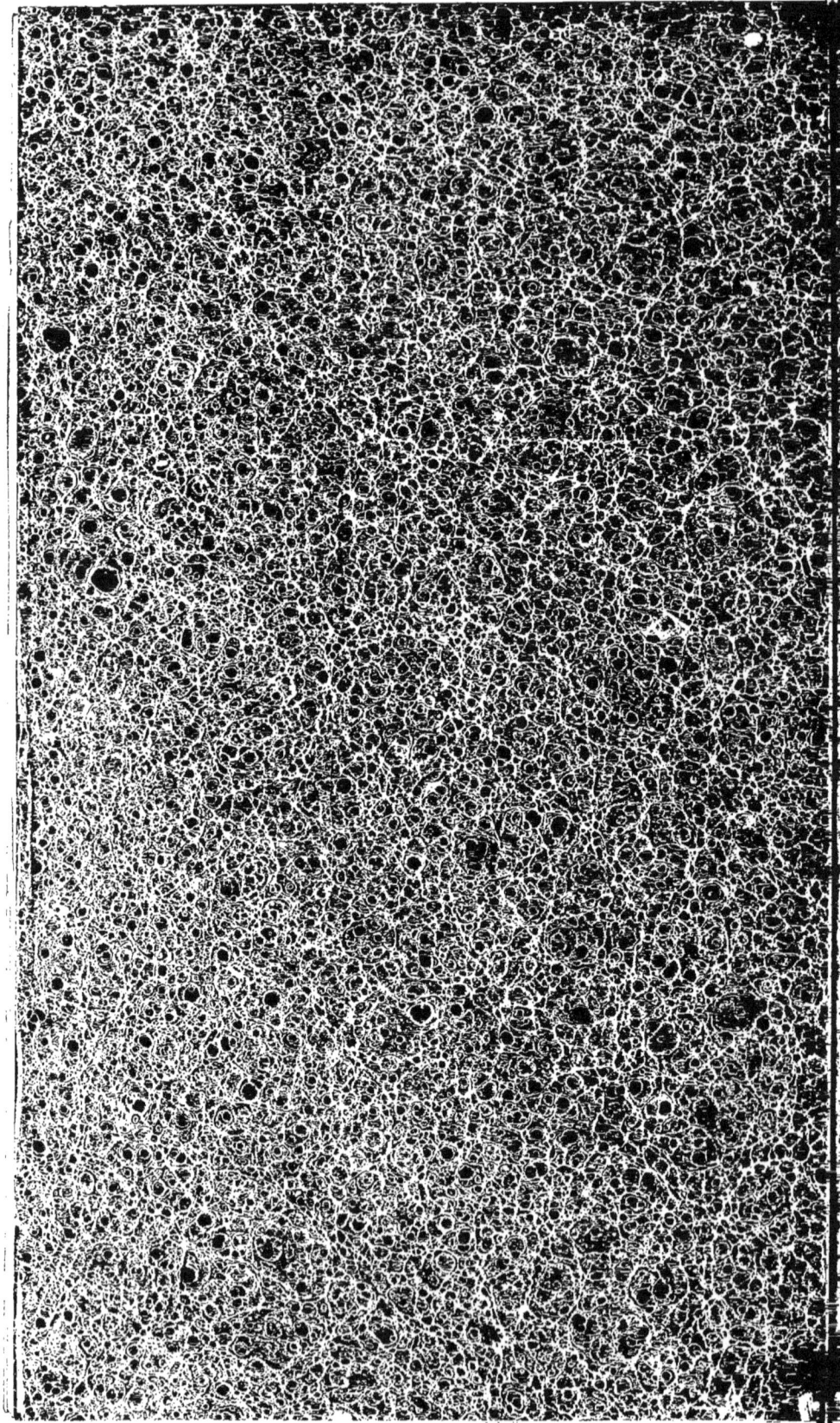

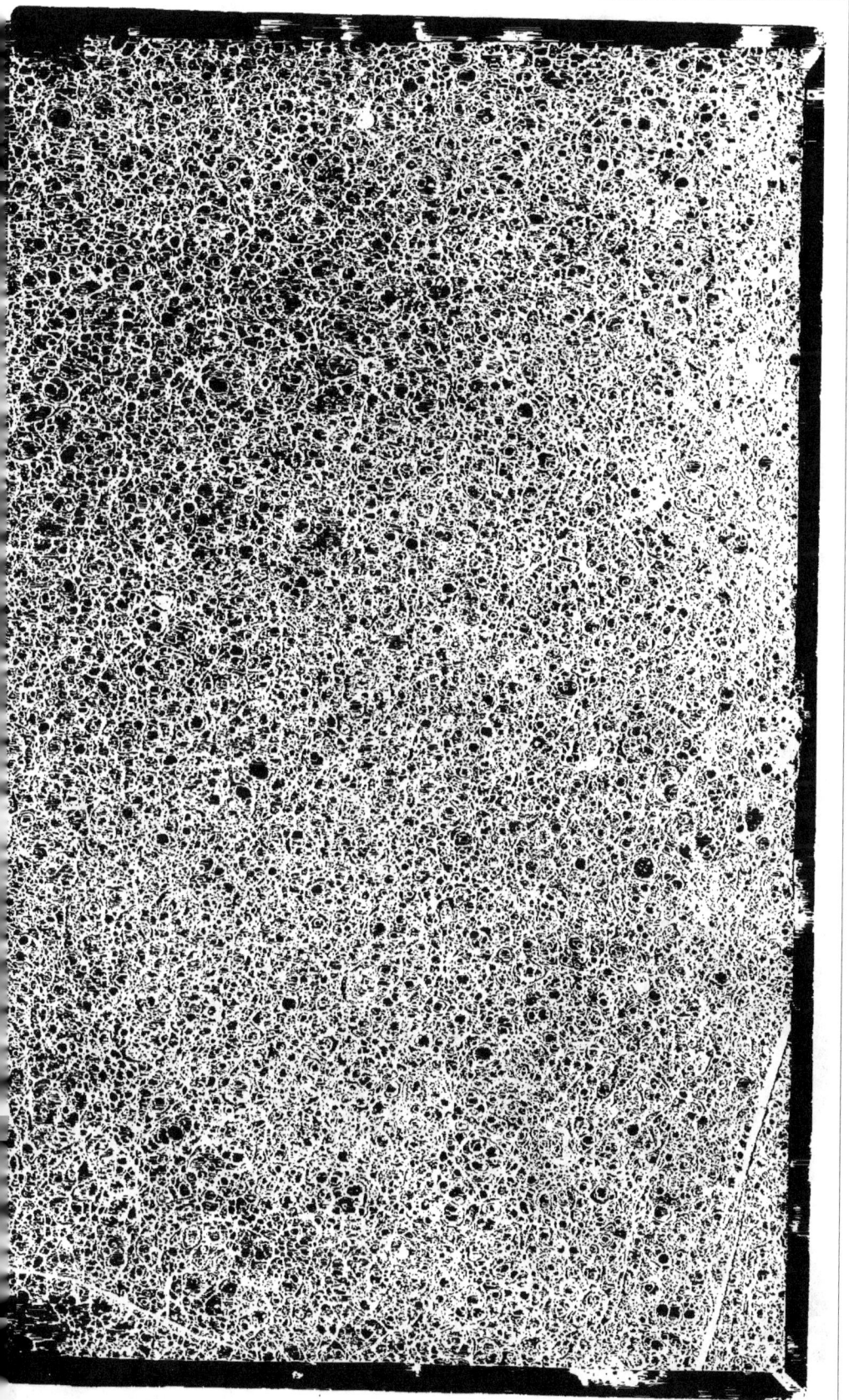

www.ingramcontent.com/pod-product-compliance
Lightning Source LLC
Chambersburg PA
CBHW031327210326
41519CB00048B/3433